한 번 읽으면
절대 잊을 수 없는
화학 교과서

한 번 읽으면
절대 잊을 수 없는
화학 교과서

사마키 다케오 지음 | 곽범신 옮김

시그마북스
Sigma Books

한 번 읽으면 절대 잊을 수 없는
화학 교과서

발행일 2023년 9월 1일 초판 1쇄 발행
      2024년 5월 2일 초판 3쇄 발행
지은이 사마키 다케오
옮긴이 곽범신
발행인 강학경
발행처 시그마북스
마케팅 정제용
에디터 최연정, 최윤정, 양수진
디자인 이상화, 김문배, 강경희

등록번호 제10-965호
주소 서울특별시 영등포구 양평로 22길 21 선유도코오롱디지털타워 A402호
전자우편 sigmabooks@spress.co.kr
홈페이지 http://www.sigmabooks.co.kr
전화 (02) 2062-5288~9
팩시밀리 (02) 323-4197
ISBN 979-11-6862-148-0 (03430)

＊ 시그마북스는 (주)시그마프레스의 단행본 브랜드입니다.

화학은 '원자가 주인공인 이야기'다!

40년 넘게 교사로서 중학교와 고등학교에서 과학을 가르쳐왔지만 정작 저 자신은 고등학생 때까지 과학이 영 젬병이었습니다.

먼저 화학이라는 과목의 특징을 꼽아보자면, 계산할 것도 많고 외워야 할 전문용어도 무척 많다는 점 아닐까요. 화학을 다른 과학 교과와 비교해보면 계산이 중심인 물리와 단어 암기 중심인 생물의 딱 중간쯤에 자리를 잡고 있습니다. 계산만 잘해도 소용이 없고, 전문용어를 몽땅 외우기만 해서는 부족하죠. 그렇게 생각해보면 화학은 물리나 생물에 비해 얼핏 손대기 쉬워 보이지만 알고 보면 조금 껄끄러운 과목입니다.

하지만 화학이 우리를 괴롭히는 가장 큰 원인은 따로 있습니다. 예전의 저 자신을 포함해 화학이 젬병인 사람에게 부족한 것은 바로 **상상력**입니다. 상상력은 화학뿐 아니라 다른 과목에서도 중요하지만, **특히 화학은 현실적으로 상상할 수 있는지 없는지가 중요한 열쇠**를 쥐고 있습니다. 왜냐하면 화학에 관한 내용은 대부분 육안으로 볼 수 없기 때문이죠.

일상생활에서 우리가 눈으로 보는 것은 거시적인 세계입니다. 반면 화학에 등장하는 원자, 분자, 이온 등, 물질을 구성하는 입자의 세계는 육안으로 볼 수 없는 미시적인 세계입니다. 따라서 우리는 화학을 일상생활과 동떨어진 세상 속 이야기로 보기 마련입니다. 우리와는 무관한 세상의 이야기라고 간주하는 순간, 화학은 숫자나 기호로 점철된 무미건조한 존재로 변해버리고, 공부도 고통으로 다가오게 되죠.

그래서 이 책에서는 고등학교 화학의 내용을 더욱 머릿속에 그리기 쉽게끔, **원자를 주인공 삼아 각 단원을 재구성해 해설하고 있습니다. 더불어 단순한 화학 입문서가 아니라 화학과 관**

련된 이야기책처럼 느껴지도록 역사 속 화학자들이 원자에 대해 연구해온 이야기를 엮어 넣었습니다.

실제로 화학이라는 학문은 그야말로 화학자들이 원자에 대해 연구해온 역사의 산물입니다. 본편에서 다시 자세히 다루겠지만 화학자와 원자에 관한 이야기는 고대 그리스 철학자들이 생각한 "모든 것은 무엇으로 이루어져 있는가?"라는 물음에서 시작됩니다. 그리고 고대에서 17세기까지 2000년간에 걸쳐 융성해온 연금술을 거쳐, 화학자들이 과학적 접근법으로 원자를 탐구하게 되면서 미시적 세계를 한층 더 자세히 해명할 수 있게 되었죠.

학창시절에 화학이 너무 힘들었던 분이나 지루하다고 생각했던 분, 화학을 덮어두고 싶어 했던 문과 출신이 이 책을 다 읽었을 때면 화학에 대한 이미지가 180도 달라져 있기를 기원합니다.

사마키 다케오

차례

서장   원자란 무엇인가?

제1장   원자의 재구성

제 2 장 주기율표가 만들어지기까지 화학의 역사

제 3 장　화학의 안내지도 주기율표

제 4 장　무기물질의 세계

제 5 장   밀도는 몰 등의 양으로 계산

제 6 장   산·염기와 산화환원

제 7 장 유기물의 세계

왜 화학을 어려워하는 사람이 많을까?

고등학교에서 화학을 선택하는 사람은 많다. 하지만?

고등학교 과학 수업에서 모두가 꼭 들어야 하는 과목은 없습니다. 그럼에도 고등학생 때 물리, 화학, 생물 중에서 생물과 화학을 선택한 사람이 많지 않나요?

가장 많은 사람이 선택한 과학 수업은 생물이고, 화학은 그다음 일겁니다. 아마도 그 이유는 첫 번째, 문과 모두 입시 때 선택 과목으로 써먹기 쉽다는 점을 꼽을 수 있습니다. 두 번째 이유는 얼핏 보면 물리에 비해 추상적인 내용이나 복잡한 계산이 적고, 생물에 비하면 외울 것이 적을 듯하니 세 과목 중에서 비교적 공부하기 쉬운 과목이라는 인상을 주기 때문일 겁니다.

그런데 실제로 화학을 배워보면 그야말로 착각임을 깨닫게 됩니다. 왜냐하면 화학은 물리처럼 추상적인 내용이 많을뿐더러 계산 문제도 무척 많은 데다, 생물처럼 외워야만 하는 내용이 한가득이기 때문이죠. '내 예상과는 다른데…' 하고 당황하다 급기야 '좋아! 몽땅 외워버리자!' 라고 생각해버리는 사람이 많습니다.

당연히 아무것도 이해하지 못한 채 무작정 전문용어나 개념, 계산식만을 통째로 외워봐야 화학에 대한 깊이가 생겨날 리 없습니다. 이렇게 해서 화학을 어려워하는 사람들이 자꾸 늘어나게 됩니다.

물리는 계산이 어려워 보이고…,
생물은 외울 게 많아 보이고…,
좋아, 화학으로 하자!

하지만
실제로는?

화학식

화학 반응식

$C_3H_8 + 5O_2 \rightarrow 3CO_2 + 4H_2O$

H_2SO_4

계산 문제

물질의 이름

화학식이나 화학 반응식, 물질의 이름을 무작정 머릿속에 집어넣느라
화학의 재미를 느끼기도 전에 좌절하고 만다.

화학 공부의 기본: 화학은 원자의 이야기!

화학을 공부할 때는 원자와 분자의 이미지를 머릿속에 떠올려라

그렇다면 화학은 어떻게 공부하면 좋을까요?

화학을 한마디로 표현하자면 **물질의 '변화'를 연구하는 학문**입니다. 화학의 세계에서 '물질이 변화'하는 현상을 화학 변화라고 합니다. 화학 변화의 예를 하나 들어보죠. 바비큐를 예로 들겠습니다. 숯에 불을 붙이면 새빨갛게 변하며 타오르고, 이후에는 약간의 재가 남습니다. 이 물질의 변화를 화학 변화의 관점에서 보면 오른쪽의 〈그림 H-2〉가 됩니다.

먼저 숯은 막대한 수의 탄소 원자로 이루어져 있습니다. **공기 중의 산소는 산소 원자 2개가 결합된 산소 분자로 구성되어 있죠.** 숯에 불을 붙이면 화학 변화가 시작되는데, **탄소 원자와 산소 분자가 충돌하고 산소 분자의 산소 원자 사이에 탄소 원자가 끼어들면서 이산화탄소 분자로 변화합니다.** 이산화탄소 분자는 '산소 원자-탄소 원자-산소 원자'의 형태로 연결된 하나의 분자입니다. 이처럼 **화학은 친숙한 물질의 변화를 원자나 분자의 화학 변화라는 미시적 관점에서 이해하는 학문**입니다.

다만 물질의 변화를 살펴본다고는 하지만, 현재 **지구상의 물질은 이름이 붙은 것만 2억 종이 넘는다**고 합니다. 화학을 공부하겠다고 2억 종 남짓한 물질의 화학 변화를 일일이 살펴보다간 시간이 아무리 많아도 어림없겠죠.

하지만 안심하세요. 사실 방대한 종류의 물질을 구성하는 요소는 약 30종의 인공 원소를 제외하면 겨우 90종의 원소(원자의 종류)입니다. 즉 **90종의 원자에 주목하면 물질이 어떻게 '변화'하는지를 알게 되면서 화학에 대한 이해도 깊어질 겁니다.**

산소 분자

산소 원자

탄소 원자의 집합

슝!

슝!

슝!

바비큐의 불을 화학 변화의 관점에서 살펴보면?

① 탄소 원자(숯)와 공기 중의 산소 분자가 충돌한다.

쿵!

탄소

쿵!

② 2개의 산소 원자(＝산소 분자) 사이에 탄소 원자가 끼어든 이산화탄소 분자로 변한다.

 +   →

탄소 원자(C)   산소 분자(O_2)   이산화탄소 분자(CO_2)

화학의 안내지도, 주기율표

원자의 종류(원소)가 정리된 주기율표

세계사에 세계지도가 있듯이, 90종의 원자를 중심으로 화학 여행을 떠날 때 **중요한 지도** 역할을 해내는 것이 있습니다. 바로 원소 주기율표입니다.

먼저 주기율표의 가로줄을 주기, 세로줄을 족이라고 합니다.

주기율표에 있는 원소는 원자의 원자번호(원자핵 속 양성자의 수) 순서대로 배치되어 있습니다.

그림 H-3 원소 주기율표

주기＼족	1	2	3	4	5	6	7	8	9
1	1 H 수소 1.008								
2	3 Li 리튬 6.941	4 Be 베릴륨 9.012							
3	11 Na 소듐(나트륨) 22.99	12 Mg 마그네슘 24.31							
4	19 K 포타슘(칼륨) 39.10	20 Ca 칼슘 40.08	21 Sc 스칸듐 44.96	22 Ti 타이타늄 47.87	23 V 바나듐 50.94	24 Cr 크로뮴 52.00	25 Mn 망가니즈 54.94	26 Fe 철 55.85	27 Co 코발트 58.93
5	37 Rb 루비듐 85.47	38 Sr 스트론튬 87.62	39 Y 이트륨 88.91	40 Zr 지르코늄 91.22	41 Nb 나이오븀 92.91	42 Mo 몰리브데넘 95.94	43 Tc 테크네튬 (99)	44 Ru 루테늄 101.1	45 Rh 로듐 102.9
6	55 Cs 세슘 132.9	56 Ba 바륨 137.3	57～71 란타넘족	72 Hf 하프늄 178.5	73 Ta 탄탈럼 180.9	74 W 텅스텐 183.8	75 Re 레늄 186.2	76 Os 오스뮴 190.2	77 Ir 이리듐 192.2
7	87 Fr 프랑슘 (223)	88 Ra 라듐 (226)	89～103 악티늄족	104 Rf 러더포듐 (267)	105 Db 더브늄 (268)	106 Sg 시보귬 (271)	107 Bh 보륨 (272)	108 Hs 하슘 (277)	109 Mt 마이트너륨 (276)

1	원자번호
H	원소기호
수소	원소명
1.008	원자량

원자번호가 93번 이상인 원소나 43번 테크네튬, 61번 프로메튬은 자연 상태에는 존재하지 않으며 인공적으로 합성된 원소입니다. 주기율표에 정리된 118종의 원소에서 인공 원소를 제외하면 90종이 남습니다.

주기율표를 통째로 외울 필요는 없다

주기율표라 하면 학창시절에 왼쪽 위의 원자번호 1번 수소(H)부터 20번째인 칼슘(Ca)까지를 "수헬리베 붕탄질산"이라는 식으로 통째로 외운 경험이 있는 사람이 많지 않을까요. 하지만 알고 보면 주기율표를 힘들게 외우지 않더라도, **90종의 원소를 중심으로 공부를 하다 보면 어느 정도까지는 '자연스럽게' 머릿속에 들어가는** 법입니다.

　왜냐하면 **주기율표 속 원소의 '배치'에는 모두 의미가 있기 때문**이죠.

10	11	12	13	14	15	16	17	18
								2 He 헬륨 4.003
			5 B 붕소 10.81	6 C 탄소 12.01	7 N 질소 14.01	8 O 산소 16.00	9 F 플루오린 19.00	10 Ne 네온 20.18
			13 Al 알루미늄 26.98	14 Si 규소 28.09	15 P 인 30.97	16 S 황 32.07	17 Cl 염소 35.45	18 Ar 아르곤 39.95
28 Ni 니켈 58.69	29 Cu 구리 63.55	30 Zn 아연 65.38	31 Ga 갈륨 69.72	32 Ge 저마늄 72.53	33 As 비소 74.92	34 Se 셀레늄 78.97	35 Br 브로민 79.90	36 Kr 크립톤 83.80
46 Pd 팔라듐 106.4	47 Ag 은 107.9	48 Cd 카드뮴 112.4	49 In 인듐 114.8	50 Sn 주석 118.7	51 Sb 안티모니 121.8	52 Te 텔루륨 127.6	53 I 아이오딘 126.9	54 Xe 제논 131.3
78 Pt 백금 195.1	79 Au 금 197.0	80 Hg 수은 200.6	81 Tl 탈륨 204.4	82 Pb 납 207.2	83 Bi 비스무트 209.0	84 Po 폴로늄 (210)	85 At 아스타틴 (210)	86 Rn 라돈 (222)
110 Ds 다름슈타튬 (281)	111 Rg 뢴트게늄 (280)	112 Cn 코페르니슘 (285)	113 Nh 니호늄 (278)	114 Fl 플로레븀 (289)	115 Mc 모스코븀 (289)	116 Lv 리버모륨 (293)	117 Ts 테네신 (293)	118 Og 오가네손 (294)

주기율표 원소 배치는 모두 의미가 있다!

물질은 크게 금속과 비금속으로 나뉜다

총 90종류 중에서 80% 이상이 금속 원소입니다. 금속 원소만으로 이루어진 물질은 '금속'이라고 부르죠. 금속에는 공통적으로 다음의 특징이 있습니다.

1. 금속 광택이 있으며 전기나 열이 잘 전달된다.
2. 때리면 판 형태로 얇고 넓게 펴진다(전성).
3. 당기면 늘어난다(연성).

비금속에는 이와 같은 공통된 특징이 없습니다.

전형 원소와 전이 원소

주기율표의 가로줄, 제1주기에는 수소H와 헬륨He의 두 원소가 있고, 제2, 제3주기에는 각각 8개의 원소가 있습니다.

주기율표의 세로줄, 1, 2, 13, 14, 15, 16, 17, 18족의 원소를 전형 원소라고 부릅니다. **전형 원소의 경우, 동일한 족의 원자는 가장 바깥 껍질에 있는 전자의 개수가 같아서 화학적 성질이 유사하다**는 특징이 있습니다. 제3주기까지는 전부 전형 원소로, 각 원소의 원자 내부에 규칙적으로 전자가 배치되어 있습니다. 원자들이 어떻게 결합되어 있는지를 쉽게 알 수 있기 때문에 우선 원자번호 1~18번(제1~제3주기)까지는 세로줄과 가로줄을 모두 머릿속에 넣어둡시다. 그리고 전형 원소가 아닌 나머지 원소를 전이 원소라고 합니다. **전이 원소에는 동일한 주기(가로줄)의 원소는 성질이 유사하다**는 특징이 있습니다.

그림 H-4 주기율표의 배치를 통해 원소의 성질을 파악할 수 있다

금속 원소와 비금속 원소

원소는 80% 이상이 금속 원소!

전이 원소와 전형 원소

전이 원소

3~12족의 원소. 같은 주기(가로줄)의 원소는 성질이 비슷하다(12족 원소는 전이 원소에 포함되는 경우와 포함되지 않는 경우가 있다).

전형 원소

같은 족(세로줄)의 원자는 가장 바깥 껍질의 전자 수가 같으므로 화학적 성질이 유사하다.

전형 원소는 족별로 특징이 있다

앞서 전형 원소는 족별로 화학적 성질이 비슷하다고 했죠. 전형 원소인 1족, 2족, 17족 원소의 특징은 〈그림 H-5〉와 같습니다.

수소(H)를 제외한 1족 원소는 알칼리 금속이라고 합니다. 양성 원소(이온화 에너지가 작아 전자를 잃고 양이온이 되기 쉬운 원소-옮긴이)이며 홑원소 물질은 반응성이 뛰어난 가벼운 금속입니다.

이어서 베릴륨(Be), 마그네슘(Mg)을 포함한 2족 원소는 알칼리 토금속이라고 합니다(Be, Mg를 제외하기도 함). 양성 원소이며 홑원소 물질은 알칼리 금속에 이어 반응성이 뛰어납니다.

17족 원소는 할로젠이라고 합니다. 음성 원소(전자를 끌어들이는 힘이 강하며 전기음성도가 비교적 큰 원소-옮긴이)로, 홑원소 물질은 원자가 2개 결합된 분자(이원자 분자)입니다.

참고로 일본에서는 18족의 비활성 기체를 희(希)가스라고 배우기도 합니다(한국에서도 예전에는 희귀한 기체라는 뜻에서 '희유 기체(rare gas)'라고 불렀다-옮긴이). 하지만 18족 원소인 아르곤이 공기 중에 포함된 양은 약 1% 정도입니다. 건조한 공기에 포함된 원소의 비율은 질소 78%, 산소 21%, 아르곤 0.93%이므로 아르곤의 존재량은 희귀하다고 보기는 어렵죠.

그러므로 영어로 '희가스'는 다른 원소와 잘 반응하지 않는 '고귀한 원소(noble gas)'라고 불린다는 이유에서, 일본 화학회는 '희가스'를 '귀(貴)가스'로 표기하자고 제안했습니다. 따라서 현재 일본의 화학 교과서는 '귀가스'로 표기를 바꿔가는 추세라는군요.

비활성 기체는 화학적으로 무척 안정적이기 때문에 화합물을 잘 형성하지 않는 물질입니다. 다른 원자는 비활성 기체의 전자배치와 가까워지려는 경향이 있습니다.

화학 여행의 지도로 활용하자

지금까지 금속과 비금속, 전형 원소와 전이 원소, 각 족의 특징까지, 주기율표를 이용해 원자에 대해 설명했습니다. 이처럼 주기율표와 연관 지어서 화학을 공부하면 화학에 대한 이해도 깊어지겠죠.

족 주기	1	2	3	4	5	6	7	8	9	10	11	12	13	14	15	16	17	18
1	H																	He
2	Li	Be											B	C	N	O	F	Ne
3	Na	Mg											Al	Si	P	S	Cl	Ar
4	K	Ca	Sc	Ti	V	Cr	Mn	Fe	Co	Ni	Cu	Zn	Ga	Ge	As	Se	Br	Kr
5	Rb	Sr	Y	Zr	Nb	Mo	Tc	Ru	Rh	Pd	Ag	Cd	In	Sn	Sb	Te	I	Xe
6	Cs	Ba	란타 넘족	Hf	Ta	W	Re	Os	Ir	Pt	Au	Hg	Tl	Pb	Bi	Po	At	Rn
7	Fr	Ra	악티 늄족	Rf	Db	Sg	Bh	Hs	Mt	Ds	Rg	Cn	Nh	Fl	Mc	Lv	Ts	Og

알칼리 금속　알칼리 토금속　　　　　　　　　　　　　　　　　　할로젠　비활성 기체

1족 원소(H 제외) ⟶ 알칼리 금속

양성 원소로, 홑원소 물질은 반응성이 뛰어난 가벼운 금속이다. 1가 양이온이 된다.
* 기억해둘 원소: 리튬(Li), 소듐(Na), 포타슘(K)

2족 원소 ⟶ 알칼리 토금속

양성 원소로, 홑원소 물질은 알칼리 금속에 이어 반응성이 뛰어나다. 2가 양이온이 된다.
* 기억해둘 원소: 칼슘(Ca), 바륨(Ba)

17족 원소 ⟶ 할로젠

음성 원소로, 홑원소 물질은 2개가 연결된 분자(이원자 분자)이다. 반응성이 뛰어나다.
1가 음이온이 된다.
* 기억해둘 원소: 플루오린(F), 염소(Cl), 브로민(Br), 아이오딘(I)

18족 원소 ⟶ 비활성 기체

홑원소 물질은 상온에서 모두 기체이다. 원자 1개가 이리저리 휙휙 운동한다(단원자 분자). 끓는점이나 녹는점이 매우 낮다. 화학적으로 안정되어 있으므로 화합물을 잘 형성하지 않는다.
* 기억해둘 원소: 헬륨(He), 네온(Ne), 아르곤(Ar)

화학식·화학 반응식에 등장하는 원소기호는 10개까지만

앞서 말했듯이 화학은 '변화하는 학문'입니다. 따라서 물질이 어떻게 '변하는지(화학 변화)'를 나타내는 화학식·화학 반응식은 화학에서 빼놓을 수 없는 중요한 요소입니다. 하지만 화학에 좌절하게 되는 원인 중 하나인 것도 사실이죠. 따라서 이 책에서는 **보통 화학식과 화학 반응식에 숱하게 등장하는 원소기호를 〈그림 H-6〉의 10개로 한정하겠습니다.** 이 10개를 대충이라도 좋으니 머릿속에 집어넣고 본편으로 넘어가시기 바랍니다. 다만 무턱대고 알파벳과 의미를 기억하려 해봐야 머릿속에 잘 남지 않으므로, 각 원소기호의 유래도 실어두었습니다.

원소기호의 기본은 스웨덴의 화학자 **베르셀리우스**가 1813년에 고안했습니다. 라틴어는 현재 사용되지 않는 언어(사어)지만 과거 서양에서는 그리스어와 어깨를 견주는 고전 언어였죠. 고대 로마 제국의 공용어로, 중세부터 근대 초에 이르기까지 전 유럽의 지식층이 공통 언어로 사용했습니다. 따라서 그리스어나 라틴어에서 유래한 원소명이 많습니다. 영어로 된 원소명의 머리글자와 일치하는 경우도 있죠.

훌륭한 업적을 이룬 학자의 이름에서 딴 원소명도 있습니다. 그 외에 해당 원소가 발견된 지명이나 연구한 학자가 태어난 나라, 도시의 이름을 붙여서 그 명예를 기리는 경우도 있습니다. 또 어떤 원소는 지구상의 이름뿐 아니라 천체의 이름에서 원소명을 따오기도 했죠.

원소기호	한글명	영어명	명칭·기호의 유래
H	수소	Hydrogen	'물을 낳다'라는 그리스어에서
C	탄소	Carbon	Carbois(숯)라는 라틴어에서
O	산소	Oxygen	'산(酸)을 만들어내는 것'이라는 의미로, 라부아지에가 '산을 만들어내는 물질'로 오해해서 작명
N	질소	Nitrogen	그리스어로 nitron, nitrum(초석)＋gennao(낳다), 한글명인 '질소'는 독일어로 '질식시키는 물질'에서 유래
Cl	염소	Chlorine	그리스어 Chloros(황록색)에서 유래. 염소 기체의 색은 황록색
Na	소듐 (나트륨)	Sodium	Natron(과거 탄산나트륨을 라틴어식으로 부르던 이름)에서 유래. 영어명인 소듐은 독일어로 '소다석'에서 유래
Mg	마그네슘	Magnesium	광석의 산지인 마그네시아에서 유래
Zn	아연	Zinc	'하얀 광상(鑛床)'을 의미하는 라틴어에서 유래한다는 설과 '뾰족한 것(스푼 끝부분)'을 의미하는 독일어에서 유래한다는 설이 있다.
Fe	철	Iron	Ferrum(철)이라는 라틴어에서 유래
Cu	구리	Copper	광석이 산출된 섬, 키프로스(사이프러스)에서 유래

서장

원자란 무엇인가?

대체 물질이란 무엇일까?

물질은 질량과 부피를 가진다

본래 자연과학이란 세상의 **'만물'**, 즉 **물질에 대해 연구하는 학문입니다. '물질'은 아무리 작아도 질량과 부피를 지닙니다.** 반대로 말하자면 질량과 부피가 있을 경우 그것은 '물질'인 셈입니다. **물질의 질량은 형태가 변하든 상태가 변하든, 운동하든 정지해 있든, 지구상에 있든 달에 있든 변하지 않는 실질적인 양입니다.**

따라서 A라는 물질에 B라는 물질을 더하면 반드시 A와 B의 질량을 더한 물질이 됩니다.

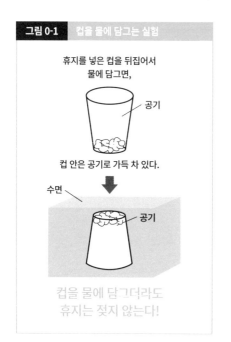

그림 0-1 컵을 물에 담그는 실험

휴지를 넣은 컵을 뒤집어서
물에 담그면,

공기

컵 안은 공기로 가득 차 있다.

수면

공기

컵을 물에 담그더라도
휴지는 젖지 않는다!

예를 들어 물 100g에 설탕 10g을 녹이면 110g의 설탕물이 만들어집니다. 물질의 부피는 그 '물질'이 차지하는 공간(전용 구역)의 크기입니다.

컵 바닥에 휴지를 넣고 컵을 거꾸로 뒤집어서 물속에 담가봅시다. 휴지는 젖지 않습니다. 컵 안에는 공기가 있고, 공기가 자신의 자리를 차지하고 있기 때문에 물이 침입하지 못하는 것입니다. 즉 공기에도 부피가 있다는 뜻이죠. 만약 컵 바닥에 구멍이 뚫려 있다면 물이 들어온 만큼 공기가 빠져나가므로 물에 잠기게 됩니다.

물체와 물질의 차이

화학에서는 흔히 물질이 등장합니다. 물리에서는 물체를 자주 사용합니다. 물체와 물질은 '물건' 등으로 뭉뚱그려 부르기도 합니다. 굳이 구별할 필요가 없는 경우도 있죠.

그렇다면 물체와 물질은 어떻게 구별할까요. 어떤 **물건을 사용하거나 할 때, 그 물건의 형태나 크기, 사용법, 재료 등에 주목하게 됩니다. 특히 형태나 크기 등의 형상에 주목했을 경우, 그 물건은 물체라고 부릅니다.** 예를 들어 컵을 보면 재료가 유리, 종이, 금속인 것이 있는데, 물체를 구성하는 재료에 주목했을 경우에는 그 재료를 물질이라고 합니다.

재료란 뭔가를 만들 때 바탕으로 이용하는 것으로, 물건을 형성하는 본질을 가리킵니다. 즉 유리로 만든 컵, 종이로 만든 컵, 금속으로 만든 컵이 있다면 물질은 컵이라는 물체를 구성하는 각각의 재료인 유리, 종이, 금속입니다. 따라서 물질은 쉽게 말해 **물체의 재료**라고 볼 수 있습니다. 물질은 **'무엇으로 이루어져 있는가?'**라는, 재료에 주목한 관점이므로 화학에서 자주 사용됩니다.

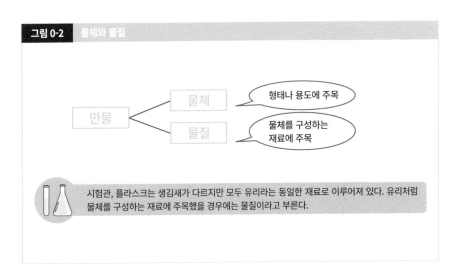

그림 0-2 물체와 물질

만물 ─ 물체 ── 형태나 용도에 주목
      └ 물질 ── 물체를 구성하는 재료에 주목

시험관, 플라스크는 생김새가 다르지만 모두 유리라는 동일한 재료로 이루어져 있다. 유리처럼 물체를 구성하는 재료에 주목했을 경우에는 물질이라고 부른다.

모든 물질은 원자로 이루어져 있다

물질을 구성하는 원자의 성질

지금 원고를 쓰고 있는 제가 보고 있는 노트북을 구성하는 금속이나 플라스틱, 액정은 모두 **원자**로 이루어져 있습니다. 생물의 몸 역시 원자로 이루어져 있습니다. 우리 인간의 몸 역시 원자로 만들어져 있죠. 원자는 오른쪽의 〈그림 0-3〉과 같은 성질을 지닙니다. 그리고 물질은 크게 다음의 세 가지로 나눌 수 있습니다.

- 수많은 원자가 모여서 만들어진 것
- 원자가 연결되어 분자라는 입자를 형성하고, 그 분자가 모여서 만들어진 것
- 이온이라 불리는, 전기를 띤 원자나 원자의 집합으로 이루어진 입자

거시적·미시적 관점에서 화학 변화를 머릿속에 그려보자

우리가 눈으로 보고 질량을 느끼는 세계는 거시적인 세계입니다. 반면 **원자, 분자, 이온 등 물질을 구성하는 입자의 세계는 미시적인 세계**죠.

물질을 거시적으로 바라봄과 동시에 물질을 구성하는 원자의 모습을 머릿속에 그리는 것이야말로 화학을 한층 더 잘 이해하기 위한 핵심입니다.

그림 0-3　원자의 성질

원자의 성질 1: 더 이상 나눌 수 없다*

* '화학적인 수단으로'라는 조건하에

원자의 성질 2: 종류에 따라 질량이나 크기가 정해져 있다

수소 원자
64개

구리 원자
1개

철 원자는
수소 원자
56개 분량

원자의 성질 3: 화학 변화에서 다른 종류의 원자로 변하거나, 없어지거나, 새로 생겨나는 경우는 없다

아무것도 없음…

팟!

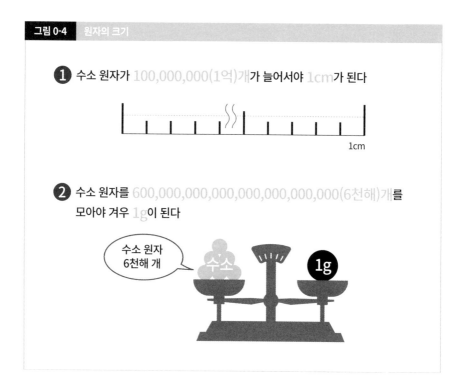

그림 0-4　원자의 크기

1 수소 원자가 100,000,000(1억)개가 늘어서야 1cm가 된다

1cm

2 수소 원자를 600,000,000,000,000,000,000,000(6천해)개를
모아야 겨우 1g이 된다

수소 원자
6천해 개

수소

1g

원소와 원자

지금이야 모든 물질이 원자로 이루어져 있음을 알고 있지만, 원자의 실체가 밝혀지기 전까지
는 소수의 요소(원소)가 물질을 구성한다고 여겨왔습니다. 고대에서 중세까지는 불(뜨거움·건조
함), 공기(뜨거움·습함), 물(차가움·습함), 흙(차가움·건조함)의 4원소를 조합함에 따라 모든 물질이
만들어진다는 아리스토텔레스의 4원소설이 지배적이었죠.

　하지만 물질을 다방면으로 연구한 결과, 순수하고, 어떤 방법으로도 두 종류 이상의 물질로
나눌 수 없으며, 동시에 어떤 두 종류 이상의 물질을 화학적으로 변화시키더라도 만들 수 없는
물질을 다른 물질과 구별하기 시작했습니다. 이때 그 순수한 물질을 구성하는 존재를 원소라
정의하게 되었죠. **현재 원소는 원자의 종류를 나타내는 것으로, 인공적으로 만들어낸 원소를
포함해 118종이 주기율표에 정리되어 있습니다.**

원자는 화학 변화를 반복하더라도, 변하지 않는다

탄소 원자의 여행

우리 인간의 몸을 구성하는 원자의 무게(질량)는 순서대로 산소(65%), 탄소(18%), 수소(10%), 질소(3%), 칼슘(1.5%), 인(1%), 그 외입니다. 산소와 수소는 인체에서 가장 많은 물을 형성하는 원자입니다. 칼슘과 인이 많은 이유는 뼈와 치아를 형성하는 인산칼슘을 만드는 원자이기 때문이죠. 탄소는 단백질이나 지방의 골격을 형성하는 원자이며 질소는 단백질을 형성하는 원자입니다.

　여기서 탄소에 주목해봅시다. 대기 중에 조금씩 늘어나고 있는 이산화탄소는 석탄·석유·천연가스의 연소나 생물의 호흡 등을 통해 배출됩니다. 한편 이산화탄소는 식물이 광합성을 할 때 원료로 빨아들이고, 일부는 물에 녹아 있다가 생물의 몸에 유입되기도 합니다. 식물이 광합성으로 만들어낸 유기물은 지구상의 동물이나 우리 인간의 식량이 되죠.

　따라서 우리가 먹는 음식물의 '근본'을 거슬러 올라가보면 공기 중의 이산화탄소였다고 할 수 있습니다. 이산화탄소 속의 탄소는 이처럼 소멸되지 않고 지구상을 빙글빙글 순환하는 셈입니다.

　현재 우리의 몸을 구성하는 탄소 원자 대부분은 본래 식물이 흡수한 이산화탄소입니다. 이는 식물이 빨아들이기 전에 어떤 동물이 호흡을 통해 내뱉은 이산화탄소일지도 모릅니다. 아니면 그 동물의 시체가 미생물에게 분해되면서 공기 중으로 배출된 이산화탄소였을 수도 있죠. 우리 몸을 구성하는 원소의 원자 일부는 과거 바퀴벌레의 몸을 구성했던 원자였을지도 모릅니다. 어쩌면 역사상 절세의 미녀였던 클레오파트라의 몸을 구성했던 원자였을지도 모르고요. 원자는 온갖 변화를 거치더라도 파괴되거나 사라지지 않은 채 우리의 몸을 구성하고 있습니다. 원자는 기본적으로 결코 변하지 않습니다. 우리를 형성하는 원자들은 우주에서 태어나 다양한 변화를 거쳐 지금에 이르고 있습니다.

화학 변화를 반복하더라도 원자가 변하지 않는다면?

화학 변화를 거치기 전이나 거친 다음이나 물질 전체의 질량은 변하지 않습니다. 다시 말해 질량이 보존된다는 뜻이죠. 이를 질량 보존의 법칙이라고 합니다. 물질을 형성하는 원자의 조합이 화학 변화를 전후해서 달라진다 하더라도 원자의 전체적인 숫자는 변하지 않기 때문입니다. 질량 보존의 법칙은 반응하는 장소에서 어떤 물질이 빠져나가면 그만큼 가벼워지고, 반대로 뭔가가 들어와서 결합한다면 그만큼 무거워진다는 말입니다.

금속인 철이나 마그네슘도 불에 탑니다. 이것들을 불에 태우고 나면 그전보다 질량이 늘어나죠. 연소 후에는 산화철과 산화마그네슘이 생성되는데, 질량이 늘어난 이유는 그만큼 산소가 결합했기 때문입니다. 이 산소는 공기 중에서 유래하므로 공기에서는 그만큼 산소가 줄어들어 있겠죠.

나무나 종이, 양초, 등유 등이 연소되면 가벼워지는 이유는 생성된 물질이 공기 중으로 달아나버리기 때문입니다. 따라서 질량이 감소한 것처럼 보입니다. 나무나 종이, 양초, 등유 등은 탄소, 수소, 산소로 이루어져 있으며, 불에 타면 탄소는 이산화탄소로, 수소는 물로 변화합니다. 생성된 물질을 모두 모으면 본래의 가연물에서 반응한 산소의 양 만큼 질량이 늘어나게 됩니다.

원자를 기준으로 생각해봅시다. 화학 변화를 거친다 하더라도 원자는 파괴되거나 사라지지 않습니다. 어떤 화학 변화가 일어난다 해도 전이나 후나 원자의 개수, 종류는 변하지 않죠. 원자가 결합하는 상대가 달라질 뿐이니 반응 전후로 질량이 변하지 않는다는 사실은 당연한 일입니다.

제 1 장

원자의
재구성

제1장 요약

앞서 서장에서 모든 물질은 원자로 이루어져 있다는 사실, 그리고 원자의 특징에 대해 말씀드렸습니다. 이번 1장에서는 물질이 변화할 때 원자의 상태나 물질의 변화를 식으로 나타낸 화학 반응식 등을 중점적으로 다루어보려 합니다.

먼저, 물질은 물처럼 단일한 물질로 이루어진 순물질과 두 종류 이상의 순물질이 섞인 혼합물로 나뉩니다. 그리고 순물질에는 한 종류의 원자로 이루어진 홑원소 물질과 두 종류 이상의 원소로 이루어진 화합물이 있습니다.

이어서 물질의 상태로는 고체, 액체, 기체의 세 가지가 있습니다. 물의 경우에는 얼음(고체), 물(액체), 수증기(기체) 형태로 물질의 상태가 달라지지만 다른 물질로 변하지는 않습니다. 이와 같은 변화를 상태 변화라고 합니다. 물질의 변화에는 두 가지 종류가 있는데, 하나가 바로 이 상태 변화(물리 변화)이고, 나머지 하나는 화학 변화입니다.

물을 분해하면 수소와 산소라는 원자로 나뉩니다. 물, 수소, 산소는 각자 다른 물질입니다. 이처럼 본래의 물질이 사라지고 새로운 물질이 생겨나는 변화가 화학 변화입니다. 물의 상태 변화의 경우는 물 분자의 집합 상태가 달라지기는 하지만 물 분자 자체는 파괴되지 않습니다.

원소기호를 이용한 화학식을 토대로 이 화학 변화(화학 반응)에 대해 나타낸 식이 바로 화학 반응식입니다. 화학 반응식을 세워보면 어떤 화학 변화가 일어날지 예상하거나 화학 변화를 통해 새로운 물질을 만들어내려 할 때 재료나 방법을 찾아낼 수 있습니다.

물질

1 순물질　　　2 혼합물

1 홑원소 물질
2 화합물

물질의 상태

1 고체　　2 액체　　3 기체

물질의 두 가지 변화

1 상태 변화　　2 화학 변화

화학 반응

1 발열 반응
2 흡열 반응

화학식

1 원소기호　　2 분자　　3 계수

화학 반응식

혼합물을 분리하면 순물질을 얻게 된다

순물질과 혼합물의 차이

우리가 일상생활에서 접하는 물질은 대부분 몇 종류의 물질이 섞여 있습니다. 이를테면 공기에는 질소, 산소, 아르곤 등이 섞여 있죠. 또한 식염수는 물과 소금의 혼합물입니다. 질소, 산소, 물 등 단일한 물질로 이루어진 것을 순물질(순수한 물질), 공기나 식염수처럼 두 종류 이상의 순물질이 섞인 것을 혼합물이라고 합니다.

　화학을 연구할 때 혼합물은 조성이 달라지면 성질까지 변해버리므로 순물질을 대상으로 삼는 경우가 많습니다. 따라서 혼합물에서 순물질을 분리해 얻는 작업이 필요하죠.

혼합물에서 순물질을 분리하는 방법

혼합물에서 순물질을 분리하는 방법 네 가지입니다.

　첫 번째는 여과입니다. 일상생활에서는 수챗구멍에 그물망을 씌워서 음식물쓰레기를 분리하거나, 커피콩 분말과 추출한 커피를 분리하는 데 이용되고 있습니다. 두 번째는 추출입니다. 찻잎이나 커피콩 분말에 끓는 물을 부으면 찻잎이나 커피콩 안의 성분이 물에 녹아서 빠져나옵니다. 물처럼 다른 물질을 녹이는 물질을 가리켜 용매, 혼합물에 용매를 더해 원하는 성분만 빼내는 작업을 추출이라고 합니다.

　세 번째는 재결정입니다. 물에 녹는 물질과 녹지 않는 물질이 섞여 있는 경우는 여과해서 나눌 수 있지만, 모두 물에 녹는 물질일 때는 여과가 불가능하므로 재결정이라는 방식을 이용합니다. **재결정은 용질(섞여 있는)을 녹여 용액으로 만든 후, 용액에서 다시 결정을 만들어내는 것**

을 가리킵니다.

결정을 만들어내는 방법으로는 '**온도가 높은 수용액을 식히는**' 방법과 '**수용액에서 물을 증발시키는**' 방법이 있습니다. 보통은 '온도가 높은 수용액을 식히는' 방법을 택합니다. **온도를 낮추면 용해도가 낮아져 더 이상 녹지 않게 되면서 결정의 형태로 나타나게** 됩니다. 결정이 생겨날 때 섞여 있는 물질(불순물)은 소량이므로 물에 녹은 채로 있는 경우가 많습니다. 이렇게 만들어진 결정은 처음보다도 섞인 물질이 줄어들게 되죠.

네 번째는 증류·분류입니다. 바닷물에서 순수한 물(증류수), 적포도주에서 에탄올을 분리할 때 증류를 이용합니다. 바닷물을 가열했을 때 생겨난 수증기를 식히거나 적포도주를 가열해서 처음에 나온 에탄올 증기를 식혀서 분리하는데, 이처럼 **증류는 끓는점의 차이를 이용하는 방식입니다.**

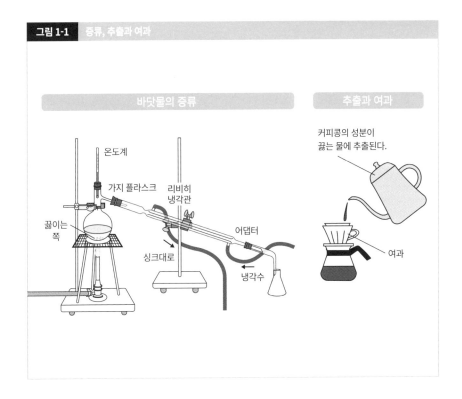

그림 1-1 증류, 추출과 여과

바닷물의 증류

온도계
가지 플라스크
리비히 냉각관
어댑터
끓이는 쪽
싱크대로
냉각수

추출과 여과

커피콩의 성분이 끓는 물에 추출된다.
여과

반면 두 종류 이상의 액체 혼합물을 끓는점의 차이를 이용해 차례차례 분리해나가는 방식을 분류(분별 증류)라고 합니다. 원유를 분류할 때 가장 저온에서 분리되는 물질이 바로 프로페인과 뷰테인입니다. 압축하면 액화 석유 가스(LPG)가 되죠. 이어서 가솔린 유분, 등유, 경유 등으로 분리됩니다.

그 외에 용매에 녹아 있는 용질의 이동 속도의 차이를 이용해 분리하는 크로마토그래피 등이 있습니다.

홑원소 물질인가 화합물인가에 따라 원소명은 달라진다

홑원소 물질과 화합물의 차이

물을 전기분해하면 수소와 산소로 나누어집니다. **물이 분해되면서 생겨난 수소와 산소는 더 이상 다른 물질로 분해될 수 없죠.** 이처럼 물질을 분해하다 보면 더 이상 분리되지 않는 물질에 다다르게 됩니다. 이와 같은 물질을 홑원소 물질이라고 합니다. 홑원소 물질은 수소나 산소 외에 탄소, 질소, 철, 구리, 알루미늄, 은, 마그네슘, 소듐 등이 있습니다.

홑원소 물질이란 한 종류의 원소 혹은 원자로 이루어진 물질입니다. 홑원소 물질은 더 이상 화학적으로 다른 물질로 분리되지 않습니다. 한 종류의 원자로만 이루어져 있기 때문에 더 이상 다른 원자로 분리될 수 없는 것이죠.

두 종류 이상의 원자로 이루어진 물질은 화합물이라고 합니다. **화합물은 두 종류 이상의 물질로 분해될 수 있습니다.**

칼슘은 홑원소 물질을 가리키는 경우와 화합물을 가리키는 경우가 있다

원소명은 홑원소 물질을 가리키는 경우와 화합물을 가리키는 경우가 있습니다. 예를 들어 "멸치에는 칼슘이 풍부하다"라는 말은 생선뼈의 성분 원소인 칼슘을 섭취한다는 뜻입니다. 칼슘의 홑원소 물질은 은색을 띤 금속입니다. 물과 접촉하면 수소 기체를 발생시키며 녹는 등, 화학적으로 반응성이 뛰어나므로 자연 상태에서는 홑원소 물질로 존재하지 않죠. 아무래도 뼈에 든 칼슘은 홑원소 물질이 아닌 듯하네요. 사실 뼈는 칼슘과 인, 산소의 화합물(인산칼슘)입니다. **중심 성분 원소가 칼슘이기 때문에 대표로 '칼슘'이라 부를 뿐이죠.**

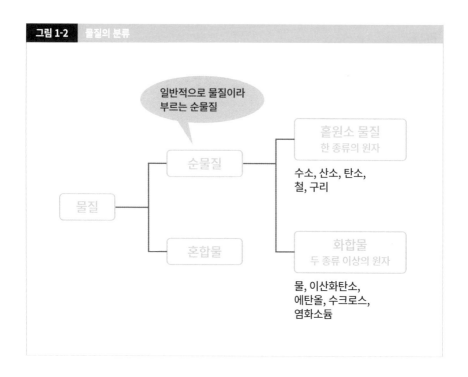

그림 1-2　물질의 분류

일반적으로 물질이라 부르는 순물질

물질

순물질

혼합물

홑원소 물질
한 종류의 원자

수소, 산소, 탄소, 철, 구리

화합물
두 종류 이상의 원자

물, 이산화탄소, 에탄올, 수크로스, 염화소듐

　바륨도 마찬가지입니다. '위 X선 검사를 받기 위해 바륨을 마셨을' 경우, 만약 이 바륨이 은색 금속의 홑원소 물질이라면 칼슘처럼 물과 만날 경우 수소를 발생시키며 녹기 시작합니다. 심지어 체내로 흡수되면 독성을 띠죠. 사실 위장 X선 검사 때 마시는 바륨은 '황산바륨'입니다. 황산바륨은 흰색이며 물에 녹지 않으니 알고 보면 물에 섞인 흰색 가루일 뿐이죠. 따라서 탁한 젖빛을 띠게 됩니다. 체내에 흡수되지도 않습니다. 황산바륨의 중심 원소가 바륨이기 때문에 대표로 '바륨'이라 부르는 것입니다.

　실제로 아직까지 원소는 애매모호하게 사용되고 있습니다. '산소'라는 단어를 썼을 때, 원소인 산소를 말하는지, 오존과 구별되는 홑원소 물질을 말하는지, 아니면 산소 분자를 말하는지, 그도 아니라면 산소 원자를 가리키는지는 문장을 통해 추측할 수밖에 없죠.

고체·액체·기체는 분자 연결 상태가 다르다

물질의 세 가지 상태

우리 주변의 다양한 물질은 고체, 액체, 기체, 세 가지 상태로 나누어집니다. 고체와 액체 상태의 물질은 그 존재를 눈으로 볼 수 있지만 기체는 색깔이 있지 않은 이상 눈에 보이지 않죠. 또한 물질을 용기에 넣었을 때의 상태 역시 고체, 액체, 기체라는 형태에 따라 달라집니다.

먼저 고체의 경우, 용기에서 꺼내더라도 형태와 부피가 변하지 않습니다. 액체는 부피는 변하지 않지만 용기의 형태에 따라 생김새가 달라집니다. 기체는 용기에서 주변으로 퍼져나가고 맙니다. 비닐봉지에 넣으면 탄력성이 느껴지죠.

기체는 휙휙, 고체는 부들부들

고체, 액체, 기체라는 세 가지 상태는 원자·분자·이온이 어떻게 모여 있는지에 따라 나뉩니다. 먼저 분자로 이루어진 물질을 생각해볼까요.

기체 분자는 하나하나가 뿔뿔이 흩어져서는 제트기처럼 빠르게 1초 동안 수백 미터를 날아다닙니다. 예를 들어 공기는 $1cm^3$ 안에 1조의 약 3000만 배 개의 분자가 있으니 다른 분자와 충돌하면서 끊임없이 지그재그로 날아다니는 셈입니다. 기체 분자는 하나하나가 뿔뿔이 흩어져서 엄청난 속도로 날아다니고 있기 때문에 우리 주변의 공기 분자가 '이리저리 휙휙' 날아다니고 있죠. 무척이나 작은 분자가 뿔뿔이 흩어져 있으므로 눈에 보이지 않습니다.

고체를 형성하는 분자는 어느 한 점을 중심으로 부들부들 진동하고 있습니다. 고체는 분자 간의 결합이 강하기 때문에 일정한 부피와 형태를 갖추고 있죠. 액체 상태는 고체와 마찬가지

그림 1-3 고체·액체·기체

고체 │ 용기에서 본래의 모습 그대로 나온다.

  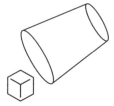

액체 │ 용기에 넣으면 용기의 형태로 변하고, 나오면 흐른다.

기체 │ 용기에 넣어도 주변으로 퍼진다.

 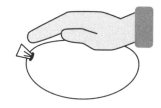

봉지에 넣으면 탄력성이 느껴짐

그림 1-4 기체 분자의 모습

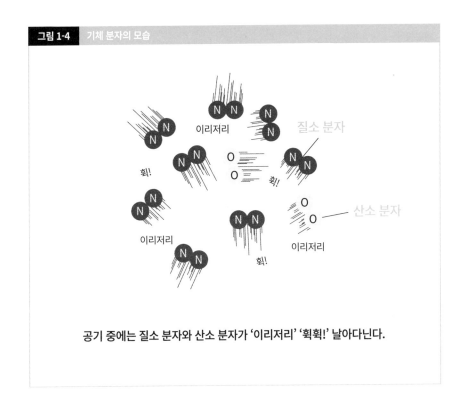

이리저리

질소 분자

휙!

휙!

산소 분자

이리저리

이리저리

휙!

공기 중에는 질소 분자와 산소 분자가 '이리저리' '휙휙!' 날아다닌다.

로 분자들이 서로를 끌어당기고 있습니다. 이런 점에서 보자면 고체에 가깝죠. 다만 기체를 닮은 구석도 있습니다. 바로 용기에 따라 형태가 달라진다는 성질입니다.

용기에서 꺼내면 고체는 본래의 형태 그대로 나오지만 액체의 경우는 흘러나옵니다. **액체 분자는 서로를 끌어당기기는 하지만 정해진 장소에서 움직이지 않는 고체와 달리 이리저리 움직일 수 있다**는 점이 원인이죠. 액체 분자는 고체 분자보다 느슨하게 결합되어 있기 때문에 서로 위치를 바꿀 수 있을 만큼은 여유가 있습니다.

물은 '고체↔액체↔기체'가 되지만 물질 자체는 변하지 않는다

상태 변화

물은 끓이거나 식히면 온도가 변화하고 이에 따라 '고체↔액체↔기체'와 같이 형태 역시 변화합니다. 이처럼 온도에 따른 변화를 상태 변화라고 합니다. 상태 변화는 물질의 상태가 변화할 뿐, 다른 물질로 변하지는 않으므로 몇 번이고 본래의 상태로 되돌릴 수 있죠.

끓는점이란 대기압하의 액체에서 끓음(액체의 내부에서 기화가 발생하는 현상)이 일어나 기체가

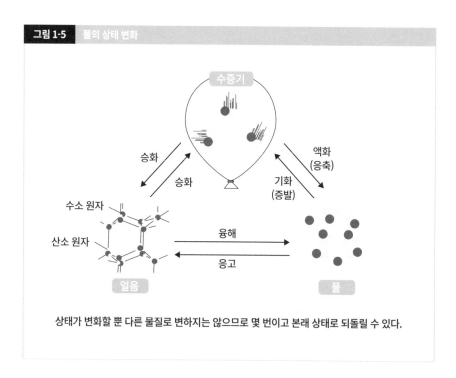

그림 1-5 물의 상태 변화

수증기

승화

승화

액화
(응축)

기화
(증발)

수소 원자

산소 원자

융해

응고

얼음

물

상태가 변화할 뿐 다른 물질로 변하지는 않으므로 몇 번이고 본래 상태로 되돌릴 수 있다.

되는 온도를 말합니다. 다만 액체 표면에서의 증발은 끓는점에 도달하지 않더라도 발생합니다. 녹는점이란 고체에서 액체로 변화하는 온도(융해하는 온도)를 가리킵니다. 액체에서 고체로 변화하는 온도를 어는점이라고 합니다. **녹는점과 어는점의 온도는 같습니다.** 물은 0°C 이하면 얼음이 되기 시작하고, **0°C 이상이면 얼음이 녹기 시작**하기 때문에, 물의 녹는점은 0°C입니다. 녹는점(어는점)은 물질이 고체인지 액체 상태인지를 나누는 온도입니다. 끓는점과 녹는점은 순수한 물질의 경우 물질의 종류에 따라서 정해집니다.

산소는 일반적인 온도에서는 기체 상태입니다. 산소의 끓는점은 –183°C, 녹는점은 –219°C이죠. 산소를 차게 식히면 –183°C에서 기체에서 액체로, –219°C에서 액체에서 고체로 변합니다. 산소 액체나 고체는 푸르스름한 색을 띱니다. 금의 녹는점은 1064°C이며 끓는점은 2856°C입니다. 금을 1064°C까지 가열하면 녹기 시작해 액체로 변합니다. 온도가 2856°C까지 오르면 금은 부글부글 끓어오르다 기체로 변해 뿜어져 나옵니다.

그림 1-6 녹는점과 끓는점

물질	녹는점(°C)	끓는점(°C)	물질	녹는점(°C)	끓는점(°C)
텅스텐	3407	5555	포타슘	63.5	759
이산화규소	1610	2230	물	0	100
철	1536	2862	수은	–39	357
구리	1085	2562	메탄올	–98	65
금	1064	2856	에탄올	–115	78
은	962	2162	뷰테인	–138	–0.5
염화소듐	801	1485	프로페인	–188	–42
알루미늄	660	2519	질소	–210	–196
마그네슘	650	1090	산소	–219	–183
아연	420	907	수소	–259	–253
납	328	1749	헬륨	–272	–269
수산화소듐	318	1390			
주석	232	2602			

※ 헬륨의 녹는점은 25기압일 때의 수치이며, 그 외는 1기압일 때의 수치

본래의 물질에서 새로운 물질로 변하는 화학 변화

두 가지 변화

상태 변화를 통해 물은 고체·액체·기체로 변화합니다. **얼음은 가열하면 녹아서 액체 상태의 물로 돌아가고, 기체인 수증기는 식히면 액체 상태의 물로 돌아갑니다.** 다만 물이 고체·액체·기체로 상태 변화를 일으키더라도 물은 물입니다. 만약 액체 상태의 물을 가열하거나 냉각한다고 물 자체가 다른 물질로 변화했다간, 수증기나 얼음은 액체 상태의 물로 돌아가지 못하겠죠.

물을 분해하면 수소와 산소로 나누어집니다. 물, 수소, 산소는 각기 다른 물질입니다. 수소와 산소가 생겨난 만큼 물은 사라지죠. 이처럼 처음의 물질이 사라지고 새로운 물질이 생겨나는 변화를 화학 변화라고 합니다. 물이 상태 변화를 일으킬 때는 물 분자의 집합 상태가 달라지기는 하지만, 물 분자가 파괴되지는 않습니다. 화학 변화에서 **물이 분해되면 물 분자는 수소 분자와 산소 분자로 나누어집니다.** 결과적으로 물 분자 2개에서 수소 원자 2개가 연결된 '수소 분자 2개'와 '산소 원자 2개'가 연결된 '산소 분자 1개'로 변하게 됩니다.

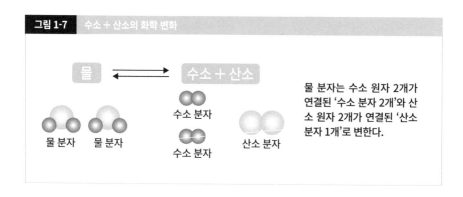

그림 1-7 수소 + 산소의 화학 변화

물 → 수소 + 산소

수소 분자
수소 분자
물 분자 물 분자
산소 분자

물 분자는 수소 원자 2개가 연결된 '수소 분자 2개'와 산소 원자 2개가 연결된 '산소 분자 1개'로 변한다.

물리 변화와 화학 변화

물질 자체는 변화하지 않는 물리 변화와 달리 화학 변화는 어떤 물질이 전혀 다른 물질로 변화하는 현상입니다. 물리 변화에서는 물질의 위치가 이동하거나 속도, 방향은 변화하더라도 물질 자체가 변화하지는 않습니다. 물의 상태 변화는 얼음, 물, 수증기 모두 물 분자로 이루어져 있고 집합 상태만 다를 뿐이기에 물리 변화입니다. 반면에 화학 변화의 경우는 처음의 물질이 사라지고 새로운 다른 물질이 생겨납니다. 즉 **물질이 변화**한다는 뜻입니다. 수소 기체와 산소 기체를 반응시키면 수소도, 산소도 아닌 물이라는 물질이 생겨나죠. 소듐과 염소를 반응시키면 소듐도, 염소도 아닌 염화소듐이라는 물질이 생겨납니다. 이처럼 반응 후에 반응 전의 물질과 다른 새로운 물질이 생겨나는 변화가 바로 화학 변화(혹은 화학 반응)입니다.

화학 변화와 화학 반응은 같은 뜻이지만 화학 변화는 변화의 '결과', 화학 반응은 변화의 '과정'을 중시하는 경우가 많습니다.

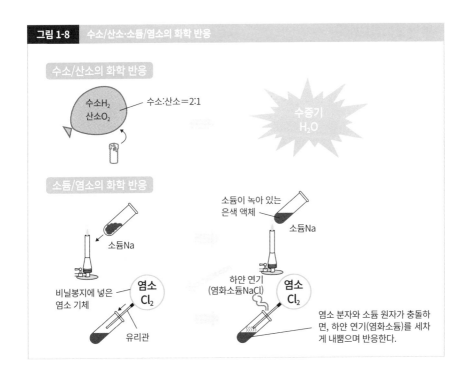

그림 1-8　수소/산소·소듐/염소의 화학 반응

수소/산소의 화학 반응

수소 H_2
산소 O_2

수소:산소＝2:1

수증기
H_2O

소듐/염소의 화학 반응

소듐 Na

비닐봉지에 넣은
염소 기체

염소
Cl_2

유리관

소듐이 녹아 있는
은색 액체

소듐 Na

하얀 연기
(염화소듐 NaCl)

염소
Cl_2

염소 분자와 소듐 원자가 충돌하면, 하얀 연기(염화소듐)를 세차게 내뿜으며 반응한다.

질량 보존 법칙은 물리 변화와 화학 변화, 둘 다 성립한다

주스 1kg을 마시고 난 뒤의 몸무게는?

제가 교사로서 중학생을 가르치던 시절, 양호실에서 체중계를 가져와 수업 때 다음의 문제를 낸 적이 있습니다.

【문제】

몸무게가 50kg인 사람이 1kg의 주스를 마신 후 곧바로 몸무게를 재보면 체중계는 몇 kg을 가리킬까?

1. 거의 51kg   2. 51kg보다 조금 가볍다   3. 51kg보다 조금 무겁다

밥이든 뭐든 상관없지만, 바로 입에 넣을 수 있는 주스를 예로 들었습니다.

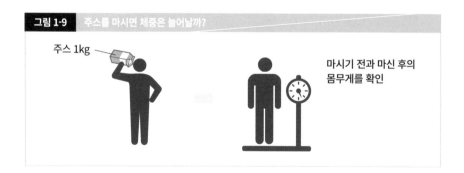

그림 1-9   주스를 마시면 체중은 늘어날까?

주스 1kg

마시기 전과 마신 후의
몸무게를 확인

초등학교 수업 때는 점토와 알루미늄 호일을 이용해 '물질의 형태가 달라지더라도 무게는 변하지 않는다'는 사실을 배우는데, 실은 이 문제를 사람으로 바꿨을 뿐입니다. 실제로 한 학

생에게 주스를 마시게 하고 체중계에 올라가 보라고 했습니다.

정답은 1번입니다만, 마시고 시간이 지나면 땀 등으로 배출되면서 2번으로 변하고 맙니다. 마신 직후라면 1kg이 늘어나게 되죠. 체중계에서 한 발로 서 있든, 체중계 위에서 자세를 바꾸지 않고 두 발에 힘을 주든, 결과는 마찬가지입니다.

바로 **'물질에는 무게가 있다. 물질의 형태가 달라지거나 물질의 상태가 변하더라도 그 물질에 빠짐이나 더함이 없을 경우 무게는 변하지 않는다. 빠짐과 더함이 있다면 빠진 만큼 가벼워지고 더해진 만큼 무거워진다. 반대로 처음보다 가벼워졌다면 뭔가 물질이 빠져나갔고, 무거워졌다면 뭔가 물질이 더해졌다는 뜻이다'**라는 질량 보존의 법칙이 성립되고 있는 것이죠.

질량 보존의 법칙

'화학 변화의 전후로 물질 전체의 질량은 변하지 않는다'라는 뜻의 질량 보존의 법칙은 중학교 과학 시간에 처음으로 교과서에 등장합니다. 질량 보존의 법칙은 물리 변화와 화학 변화 모두에서 성립합니다. **예외는 핵분열이나 핵융합처럼 질량과 에너지의 상호 교환을 무시할 수 없는 경우죠.**

사실 질량 보존의 법칙은 물리 변화에서는 당연합니다. 하지만 화학 분야에서는 **'화학 변화처럼 다른 물질이 생겨나는 경우'**에도 성립한다는 점에서 무척 중요합니다. 다시 말해 화학 변화가 일어나 처음의 물질이 사라지고 새로운 물질이 생겨났을 때도 본래 물질의 전체 질량은 변화가 일어난 후에도 동일하다는 뜻입니다. 예를 들어 탄소를 연소시키면 모두 타버리고 없어진 것처럼 보이지만 처음에 있었던 '탄소＋산소'의 질량, 그리고 변화가 일어난 뒤의 이산화탄소의 질량은 같습니다.

미시적으로 보자면 **'원자는 사라지지 않고, 새로 태어나지도 않는다. 화학 변화가 일어나더라도 원자의 재구성이 일어났을 뿐, 원자 전체의 종류와 개수는 달라지지 않는다'**는 말이 됩니다.

화학 반응에는 발열 반응과 흡열 반응이 있다

발열 반응과 흡열 반응

우리는 가스를 태워서 목욕물을 데우거나 요리를 합니다. 프로페인가스냐 도시가스냐에 따라 성분은 다르지만, 가스는 프로페인이나 메테인과 같이 탄소와 수소로 이루어진 탄화수소라는 물질입니다.

가스를 태우면 탄화수소 속 탄소는 이산화탄소로, 수소는 물로 변합니다. 연소라는 화학 변화에서 일어나는 열을 이용한 것이죠. 이처럼 열이 발생하는 화학 반응을 발열 반응이라고 합니다. 반대로 주변으로부터 열을 흡수하는 변화는 흡열 반응이라고 하죠.

발열 반응에서는 많은 에너지를 지닌 반응물(반응하기 전에 있었던 물질)이 더 적은 에너지의 생성물(반응으로 생겨난 물질)로 변할 때 주변에 에너지를 내보냅니다. 반대로 흡열 반응에서는 낮은 에너지의 반응물이 더 많은 에너지의 생성물로 변할 때, 주변으로부터 에너지를 거두어들이죠. **발열 반응이 발생하면 온도가 올라가서 뜨끈뜨끈해지고, 흡열 반응이 일어나면 온도가 낮아져서 싸늘해집니다.**

우리 주변에서 벌어지는 화학 변화는 대부분 발열 반응입니다. 다양한 물질의 연소는 물론, 금속에 녹이 슬 때의 느린 산화 반응에서도 발열을 통해 온도가 올라갑니다. 일회용 손난로는 공기 중의 산소와 난로에 들어 있던 물이 철가루와 결합해 반응이 일어났을 때 배출되는 열기를 이용합니다. 또한 우리 몸 안에서도 다양한 화학 변화가 일어나는데, 이때 발생하는 열기로 체온을 유지하고 있습니다.

손바닥에 구연산과 중조(탄산수소소듐)를 한 작은 숟가락씩 올려놓은 뒤, 두 가지 분말을 섞고 약간의 물을 떨어뜨리면 이산화탄소가 발생하면서 거품이 일고 손바닥이 차가워집니다. 바로 이 현상이 흡열 반응의 예시입니다.

미시적 세계에서는 '껴안으면 따뜻해지고 헤어지면 차가워진다'

물질을 형성하는 원자·분자·이온이라는 무척 작은 입자가 뿔뿔이 흩어지면 온도가 낮아집니다. 서로 끌어당기고 있던 것을 억지로 떼어놓으려면 에너지가 필요한데, 이때 사용하는 에너지는 다른 곳에서 받아올 수 없으므로 자신의 온도를 낮추는 방식으로 충당합니다. 반대로 **뿔뿔이 흩어져 있던 것이 결합할 때는 온도가 높아집니다.** 그야말로 **'껴안으면 따뜻해지고 헤어지면 차가워지는'**, 인간 세상에서도 통용될 법한 현상이죠. 화학 변화가 일어났을 때 발생하는 반응이 발열 반응인지 흡열 반응인지는 뿔뿔이 흩어지는 경향과 새로운 결합이 생겨나는 경향의 조화에 따라서 정해집니다.

그림 1-10 발열 반응과 흡열 반응

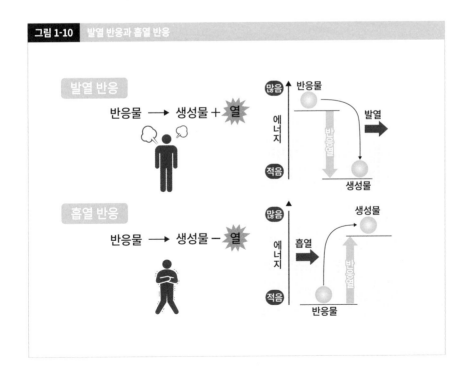

우선은 원소기호와 화학식만!

돌턴의 원자기호와 현재의 원자기호

원자라는 발상을 제안한 인물로 유명한 **돌턴**은 원자를 ○ 기호로 나타냈습니다. ○ 안쪽에 점을 찍거나 선을 긋거나, 혹은 새까맣게 칠해서 서로를 구별했죠. 예를 들어 산소는 ○, 수소는 ○의 한가운데에 점이 찍혀 있습니다. 탄소는 ○를 온통 검게 칠한 검은 동그라미(●)입니다. 황은 ○ 안에 선이 십자로 그어져 있습니다. 돌턴이 이런 기호를 생각해낸 때는 1803년으로, 지금으로부터 200년도 더 전이었습니다. 그런데 그로부터 10년 후에 **베르셀리우스**라는 화학자가 **원자의 종류를 하나 혹은 두 개의 알파벳 머리글자로 나타내는 방법**을 고안해냈죠. 당시 돌턴은 '원자는 동그란 알갱이'라는 사실에 집착해 베르셀리우스의 표현 방법에 반대했습니다. "베르셀리우스의 기호는 원자론의 아름다움과 간결함을 흐린다"라며 비판하고 죽을 때까지 거부했을 정도였죠. 하지만 베르셀리우스의 원소기호가 훨씬 편리했기 때문에 돌턴의 기호는 버려지고 말았습니다. 현재는 베르셀리우스가 제안한 원소기호가 전 세계에 공통적으로 쓰이고 있죠.

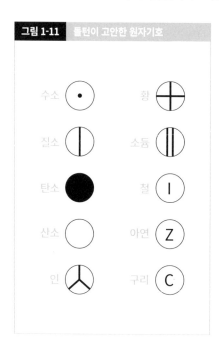

그림 1-11 돌턴이 고안한 원자기호

수소 · 황 ⊕ 질소 소듐 탄소 ● 철 I 산소 ○ 아연 Z 인 구리 C

10가지 원소, H C O N Cl Na Mg Zn Fe Cu

앞에서 언급했듯 이 책에서는 화학 반응식에서 사용할 원소기호를 10개로 한정하겠습니다. 우선적으로 머릿속에 넣어두어야 할 비금속 원소는 H: 수소 C: 탄소 O: 산소 N: 질소 Cl: 염소 5개입니다.

이들 중 상온에서 H: 수소 O: 산소 N: 질소 Cl: 염소의 홑원소 물질은 원자 2개가 결합된 이원자 분자입니다. 수소의 경우는 수소 원자 H가 2개 달라붙어서 H + H → H_2가 되므로 수소의 홑원소 물질은 수소 분자 H_2입니다. '혼클(H O N Cl)은 원자 2개가 결합된 이원자 분자'라는 식으로 외워두세요. 원자 2개로 분자를 이루는 이유는 원자의 전자배치를 바탕으로 다시 설명하겠습니다.

우리 주변에서 C: 탄소를 찾아보면 목탄이나 흑연(연필심의 성분)처럼 검은 덩어리가 있습니다. 탄소는 유기물(유기 화합물)의 중심 원자입니다. 탄소C를 중심으로 산소O나 수소H 등과 결합해 수많은 물질이 만들어지죠.

이어서 금속 원자로는 Na: 소듐 Mg: 마그네슘 Zn: 아연 Fe: 철 Cu: 구리 5개가 있습니다. 이것들은 상온에서 고체 형태를 띠는데, 불그스름한 구리 외에는 모두 은색입니다. 하나같이 전기와 열을 잘 전달한다(잘 통한다)는 성질이 있죠.

우리 주변에서 소듐의 홑원소 물질을 찾아볼 수는 없을 겁니다. 산소나 물 등과 반응해서 쉽게 화합물로 변해버리기 때문입니다. 따라서 소듐의 홑원소 물질은 산소나 물과 접촉할 수 없도록 등유에 넣어서 보관합니다. 또한 주변에서 마그네슘만으로 이루어진 홑원소 물질은 보기 어렵지만, 다른 금속과 섞인 합금의 형태로 노트북의 케이스(액정이나 내부 부품을 감싸는 외장) 등에 사용되고 있습니다.

다음으로 아연은 건전지의 음극으로 사용되는 금속입니다. 철의 표면에 아연을 도금한 것을 함석이라고 합니다. 아연은 철보다 쉽게 부식되므로 흠집이 생기더라도 먼저 부식되는 아연이 철을 보호해줍니다. 마지막으로 철과 구리는 우리의 생활 속에서 무척 익숙한 금속이죠.

홑원소 물질을 기호로 나타내는 화학식

물질이 어떤 원자로 이루어져 있는지를 원소기호로 나타낸 것이 화학식입니다. 예를 들어 수소나 산소 등은 동일한 종류의 원자 2개가 결합해 분자(이원자 분자)를 형성합니다. 원소기호를 사용하면 분자를 형성하는 원자의 종류와 개수를 화학식으로 나타낼 수 있죠. 수소 분자 모델 ⒽⒽ에서 Ⓗ를 H로 바꾸면 HH가 되고, 같은 원자는 묶어서 H_2로 개수를 우측 하단에 적습니다. 산소 분자, 질소 분자, 염소 분자 역시 마찬가지입니다.

그림 1-12 수소 분자와 산소 분자는 원자 2개가 결합해 분자가 된다

구리나 철 등의 금속은 수많은 원자가 규칙적으로 결합되면서 생겨나므로 분자와 같은 뚜렷한 단위가 없습니다. 따라서 원자 하나하나가 단위를 이룬다고 보아 구리는 Cu, 철은 Fe라는 식으로 하나의 원자기호로 나타냅니다. 금속 외에 탄소C, 황S 역시 마찬가지입니다.

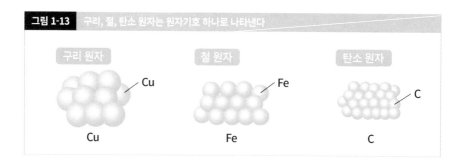

그림 1-13 구리, 철, 탄소 원자는 원자기호 하나로 나타낸다

탄소의 홑원소 물질은 검은색부터 무색투명까지

같은 원소로 이루어져 있지만 원자의 결합 방식이 달라서 성질이 다른 물질이 있습니다. 이러

한 물질들을 동소체라고 부릅니다. 거의 탄소로만 이루어진 물질 중 예로부터 널리 알려진 것으로는 목탄이 있습니다. 목재를 가마에 넣고 구우면 분해되어 목탄으로 변합니다. 목탄은 무정형 탄소라 해서 뚜렷한 결정 구조가 없습니다. 그 외의 무정형 탄소로는 공업용으로 입자의 크기를 어느 정도로 가지런히 맞춰서 만들어내는 카본 블랙이 있습니다. 탄소의 또 다른 동소체로는 결정이나 분자가 뚜렷한 다이아몬드, 흑연(그라파이트), 풀러렌 등이 있습니다. 다시 말해 흑연의 동소체 중에는 목탄처럼 새까만 것부터 다이아몬드처럼 무색투명한 것까지 있는 셈입니다. **새까만 목탄(가장 결정화가 진행된 물질은 흑연)과 무색투명하며 세상에서 가장 단단한 다이아몬드는 전혀 닮지 않았지만 모두 탄소 원자만으로 이루어져 있습니다. 그렇기 때문에 태우면 모두 이산화탄소만이 발생합니다.** 반면 산소는 산소 원자 2개가 결합한 산소 분자O_2로 이루어진 산소(화학식 O_2)와 산소 원자 3개가 결합한 오존O_3이 있는데, 둘은 동소체 관계입니다.

유기물과 무기물

유기물, 무기물이라는 단어는 대체 무엇을 기준으로 '있다(有)'와 '없다(無)'를 나누는 걸까요?

우선 유기물의 '유기'는 **살아 있다, 생명 활동을 한다**라는 뜻입니다. 영어로는 오가닉(organic)으로, 요점만 말하자면 유기체란 **생명을 지닌 것**을 말합니다. 설탕, 녹말, 단백질, 아세트산(식초의 주성분), 에탄올 등의 알코올, 메테인, 프로페인 등 수많은 물질이 유기물입니다. 이들은 **유기체가 만드는 물질**이기 때문에 유기물이라는 이름이 붙였죠.

한편으로 무기물은 물이나 암석, 금속처럼 생물의 작용을 빌리지 않고 만들어진 물질입니다. 무기물로는 금속, 탄소, 산소, 수소, 염소, 황 등의 홑원소 물질 전부, 그리고 화합물로는 염이 포함됩니다. 염은 물질의 이름을 보면 대략 알 수 있습니다. 이름이 '○○철, ○○구리, ○○소듐, ○○산○○, 염화○○, 산화○○' 형태이면 염의 일종입니다.

과거 유기물은 생물의 작용으로 생겨나며 사람의 힘으로는 만들 수 없다고 여겨왔습니다. 그런데 무기물에서 유기물을 만들어낼 수 있다는 사실이 밝혀지며 현재는 **'생물의 생명 활동'**

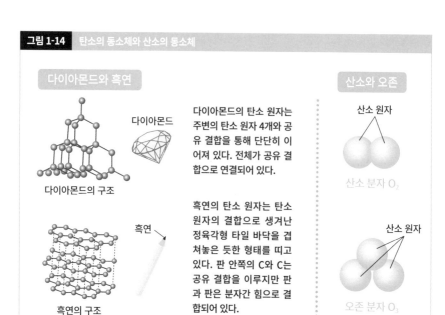

그림 1-14 탄소의 동소체와 산소의 동소체

다이아몬드와 흑연

다이아몬드

다이아몬드의 구조

흑연

흑연의 구조

다이아몬드의 탄소 원자는 주변의 탄소 원자 4개와 공유 결합을 통해 단단히 이어져 있다. 전체가 공유 결합으로 연결되어 있다.

흑연의 탄소 원자는 탄소 원자의 결합으로 생겨난 정육각형 타일 바닥을 겹쳐놓은 듯한 형태를 띠고 있다. 판 안쪽의 C와 C는 공유 결합을 이루지만 판과 판은 분자간 힘으로 결합되어 있다.

산소와 오존

산소 원자

산소 분자 O_2

산소 원자

오존 분자 O_3

등으로 무기물과 유기물을 구분할 수는 없어졌죠. 그럼에도 유기물은 무기물에 비해 다양한 특징이 있기 때문에 아직까지 유기물이라는 용어가 사용되고 있습니다. 현재 유기물은 '탄소를 중심으로 한 물질'이라는 의미로 쓰입니다. **2억 종이 넘는다고 하는 물질의 90% 이상이 유기물입니다.** 이 중에는 자연에는 존재하지 않는 유기물도 무척 많죠.

다만 **일산화탄소, 이산화탄소, 탄산칼슘 등의 탄산염은 탄소가 원소로 포함되어 있지만 유기물은 아닙니다. 무기물은 유기물을 제외한 물질**로 보면 되겠습니다.

화합물을 나타내는 화학식

다음으로 H: 수소 C: 탄소 O: 산소 N: 질소 Cl: 염소 Na: 소듐 MG: 마그네슘 Zn: 아연 Fe: 철 Cu: 구리, 10가지 원자가 다른 원자와 결합하면서 생겨난 화합물의 화학식에 대해 알아보겠습니다.

물은 수소 원자 2개와 산소 원자 1개가 결합한 물 분자로 이루어져 있습니다. '수소 원자-산

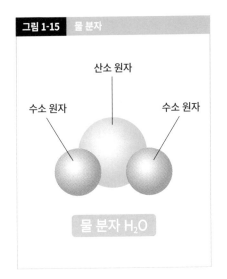

그림 1-15 물 분자

수소 원자
산소 원자
수소 원자

물 분자 H_2O

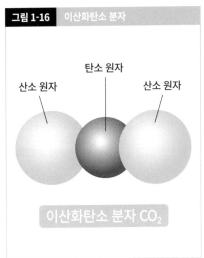

그림 1-16 이산화탄소 분자

산소 원자
탄소 원자
산소 원자

이산화탄소 분자 CO_2

소 원자-수소 원자(H-O-H)'는 직선이 아니라 'ㅅ' 모양의 형태로 결합되어 있습니다. 물의 화학식(분자식)은 이 형태에 따라서 나타내는 대신 HOH에서 같은 원자를 묶어 **H_2O**로 표기합니다.

탄소가 연소되면서 생겨나는 이산화탄소는 산소 원자 2개와 탄소 원자 1개가 결합한 이산화탄소 분자로 이루어져 있습니다. '산소 원자-탄소 원자-산소 원자'는 직선상으로 결합해 있으며, OCO에서 같은 원자를 묶어 **CO_2**로 표기합니다.

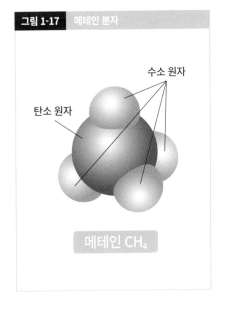

그림 1-17 메테인 분자

수소 원자
탄소 원자

메테인 CH_4

가장 간단한 유기물은 메테인입니다. 메테인 분자는 산소 원자 1개에 수소 원자 4개가 결합해 있습니다. 분자의 형태는 완전한 정사면체로 중심에 탄소 원자, 꼭짓점 4곳에 수소 원자가 있음을 알 수 있습니다. 화학식은 CH_4입니다.

금속 원소와 비금속 원소 화합물의 화학식

소금의 주성분인 염화소듐은 소듐 원자와 염소 원자가 1:1의 비율로 결합해 결정을 이루고 있습니다.

과거에는 모든 물질의 기본적인 단위는 단순한 분자라고 생각했습니다. 즉 염화소듐의 결정 역시 염화소듐 분자의 집합이라 여겨졌죠. 하지만 **금속이나 염화소듐처럼 금속 원소와 비금속 원소의 화합물은 독립된 분자가 존재하지 않는다**는 사실이 밝혀졌습니다.

예를 들자면 얼음의 경우는 각각의 독립된 물 분자가 결합해서 형성된 물질입니다. 염화소듐은 염소 원자와 소듐 원자가 정해진 상대와 결합한 것이 아니라 각자 주변의 여러 소듐 원자, 염소 원자들과 결합한 상태입니다. 좀 더 자세히 설명하자면 소듐은 소듐 이온이라는 양이온으로, 염소는 염화물 이온이라는 음이온으로 변하는데, 둘은 양전기와 음전기의 정전기력 (쿨롱 힘)으로 서로를 끌어당겨 결정을 형성합니다.

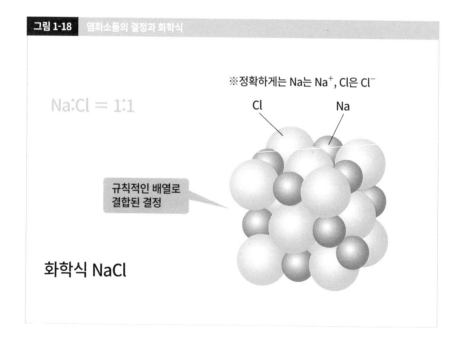

그림 1-18 　염화소듐의 결정과 화학식

※정확하게는 Na는 Na$^+$, Cl은 Cl$^-$

Cl　　Na

Na:Cl = 1:1

규칙적인 배열로 결합된 결정

화학식 NaCl

$5H_2O$는 'H_2O가 5개 있다'는 뜻이다

H_2와 2H의 차이점은?

H_2는 **수소 원자가 2개 결합해서 분자가 된 물질이 1개 있다**, 2H는 **수소 원자가 2개 있다**는 뜻입니다.

$5H_2O$가 나타내는 사실

물의 화학식 앞부분에 숫자가 붙는 경우가 있습니다. $5H_2O$의 경우, 5는 계수라고 불리며 H_2O가 5개 있음을 나타냅니다. H 뒤에 붙는 작은 2는 앞의 H가 2개 있음을 나타냅니다. O에는 아무 숫자도 없지만 1이 생략된 것입니다. 따라서 $5H_2O$에는 수소 원자가 10개, 산소 원자가 5개 포함되어 있습니다.

　이산화탄소 분자 CO_2가 3개일 때는 $3CO_2$가 됩니다. $3CO_2$에는 탄소 원자 3개와 산소 원자 6개가 포함되어 있죠.

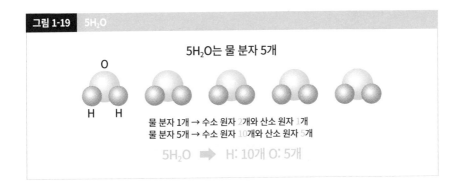

그림 1-19　$5H_2O$

$5H_2O$는 물 분자 5개

O

H　H

물 분자 1개 → 수소 원자 2개와 산소 원자 1개
물 분자 5개 → 수소 원자 10개와 산소 원자 5개

$5H_2O$ ➡ H: 10개 O: 5개

탄소의 연소를
화학 반응식으로 나타내기

탄소의 연소를 화학 반응식으로

화학식을 바탕으로 화학 반응을 나타낸 식이 바로 화학 반응식입니다. 화학 반응식을 세워보면 어떤 화학 변화가 발생할지 예상할 수 있고, 화학 변화로 새로운 물질을 만들어낼 때 재료나 방법을 알아낼 단서가 됩니다.

탄소가 연소되면 막대한 수의 탄소 원자 집단에 산소 분자가 충돌합니다. 그러면서 탄소 원자간의 집합에서 '산소 원자-탄소 원자-산소 원자'라는 새로운 결합 형태를 띤 이산화탄소 분자가 생겨납니다. **화학 반응식은 처음에 있었던 물질(반응물)의 화학식을 좌변에, 반응 결과 생겨난 물질(생성물)의 화학식을 우변에 적고 화살표(→)로 연결합니다.** 탄소의 연소를 문자로 풀어서 나타내면 '탄소 + 산소 → 이산화탄소'가 되겠죠. 화학식에서 탄소는 C, 산소는 O_2, 이산화탄소는 CO_2이므로 이를 화학식으로 나타내면 'C + O_2 → CO_2'가 됩니다. 화살표(→)의 좌우, 즉 반응 전(반응물)과 반응 후(생성물)를 통해 원자의 종류와 숫자가 맞는지를 확인합니다. 좌변의 C와 우변의 CO_2에서 C의 개수는 1개로 동일하고, 좌변의 O와 우변의 CO_2에서 O의 개수는 2개로 동일하니 이로써 화학 반응식이 완성되었습니다.

수소와 산소의 화합(수소의 연소)을 화학 반응식으로

수소 + 산소 → 물

H_2 + O_2 → H_2O

앞의 식의 경우, 좌우의 H는 개수가 동일한 반면, O의 개수는 동일하지 않으므로 **계수를 맞**

취야 합니다. 계수를 붙여서 좌변(반응 전)과 우변(반응 후)의 원자 개수를 맞추는 것은 반응 전이나 후나 원자의 수는 변화하지 않기 때문입니다.

좌우로 O의 개수를 동일하게 맞추기 위해 다음과 같이 우변에 H_2O를 1개 더합니다.

$$H_2 + O_2 \rightarrow H_2O \quad H_2O$$

이제 O의 개수는 동일해졌지만 이번에는 H의 개수가 맞지 않는군요. 그러니 이번에는 좌우로 H의 개수를 동일하게 맞추기 위해 H_2를 1개 더합니다.

$$H_2 \, H_2 + O_2 \rightarrow H_2O \quad H_2O$$

이로써 좌우 원자의 개수는 동일해졌습니다. 수소 분자 2개는 $2H_2$, 물 분자 2개는 $2H_2O$로 나타내므로 화학 반응식은 '$2H_2 + O_2 \rightarrow 2H_2O$'가 됩니다.

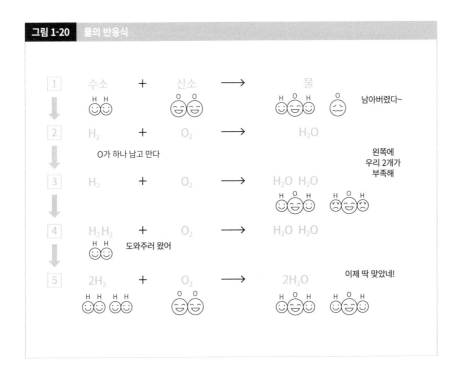

그림 1-20   물의 반응식

메테인의 연소를 화학 반응식으로 나타내기

메테인(천연가스의 주성분)의 연소를 화학 반응식으로

메테인CH_4이 연소되면 산소와 반응해 메테인의 C 원자는 이산화탄소CO_2, H 원자는 물H_2O이 됩니다.

① 반응물의 화학식을 화살표 왼쪽에, 생성물의 화학식을 화살표 오른쪽에 쓴다.

메테인 $+$ 산소 $\rightarrow$ 이산화탄소 $+$ 물

CH_4 $+$ O_2 $\rightarrow$ CO_2 $+$ H_2O

이 경우 좌우의 C는 개수가 동일하지만 H와 O의 개수는 동일하지 않다.

② H의 수를 양쪽 모두 동일하게 맞춘다. 물 분자 1개를 더하고, 2개를 묶어서 H_2O의 계수로 2를 붙인다.

CH_4 $+$ O_2 $\rightarrow$ CO_2 $+$ H_2O

H_2O

CH_4 $+$ O_2 $\rightarrow$ CO_2 $+$ $2H_2O$

③ O의 개수를 양쪽 모두 동일하게 맞춘다. CH_4가 1개면 CO_2는 1개, H_2O는 2개가 나온다. 이때 CO_2 1개, H_2O 2개에서 O 원자는 각각 2개로 모두 합치면 4개이다. 따라서 좌변에 O_2를 하나 더 추가한다. 묶어서 O_2의 계수로 2를 붙인다.

CH_4 $+$ O_2 $\rightarrow$ CO_2 $+$ $2H_2O$

O_2

CH_4 $+$ $2O_2$ $\rightarrow$ CO_2 $+$ $2H_2O$

금속의 산화·연소를 화학 반응식으로 나타내기

금속에 따라 반응성이 다르다

반응성은 소듐Na, 마그네슘Mg, 아연Zn, 철Fe, 구리Cu 순서로 강합니다. 예를 들어 산소와의 반응성 역시 이 순서를 따릅니다. 앞서 언급했듯이 소듐은 산소나 물과 금세 반응해버리므로 산소나 물과 접촉하지 않게끔 등유에 넣어서 보관합니다.

마그네슘에 불을 붙이면 눈부신 빛과 함께 타오르며 흰색 고체 물질(산화마그네슘MgO)로 변합니다. 철은 쇳덩어리 상태에서는 잘 타지 않지만, 잘게 나눠 표면적을 넓혀서 산소와 접촉하기 쉽게 만들어주면 공기 중에서도 탈 수 있게 되죠. 아주 가는 철사로 이루어진 철솜을 풀어서 불을 붙이면 파직파직 타다 검은 고체 물질로 변합니다. 사실 철에는 몇 종류의 산화철이 있는데, 이 경우는 주로 산화철(Ⅲ)Fe_2O_3이 생겨납니다. 그 외에 산화철(Ⅱ)FeO나 사산화삼철 Fe_3O_4이 있습니다.

아연, 구리도 분말을 공기 중에 태워보면 각각 흰색 산화아연ZnO, 검은색 산화구리CuO가 됩니다.

마그네슘의 연소를 화학 반응식으로

마그네슘의 연소를 화학 반응식으로 나타내면 다음과 같습니다.

마그네슘	+	산소	→	산화마그네슘
Mg	+	O_2	→	MgO
Mg				MgO

정리해보면 다음과 같습니다.

$$2Mg \; + \; O_2 \; \rightarrow \; 2MgO$$

철의 산화 및 철의 환원을 화학 반응식으로

철	+	산소	→	산화철(Ⅲ)
Fe	+	O_2	→	Fe_2O_3

Fe와 O 모두 화살표(→) 좌우로 숫자기 맞지 않습니다. 따라서 먼저 복잡한 산소 원자의 개수를 맞춰보겠습니다. 2와 3의 최소공배수는 6이니 산소와 산화철의 O가 모두 6개가 되게끔 각각 더해줍니다.

$$Fe \; + \; O_2 \; \rightarrow \; Fe_2O_3$$
$$O_2 \qquad\qquad Fe_2O_3$$
$$O_2$$

이로써 화살표 좌우로 O의 개수는 모두 6개, 우변의 Fe는 4개가 되었습니다. 그다음 좌변의 Fe를 4개(4Fe)로 만들어줍니다.

$$4Fe \; + \; 3O_2 \; \rightarrow \; 2Fe_2O_3$$

Cu와 O의 결합(CuO)보다 C와 O의 결합(CO₂)이 더 강하므로 산화구리CuO와 탄소C를 함께 가열하면 C가 CuO의 O와 결합해 Cu에서 O를 떼어갑니다. 이처럼 산화물에서 산소를 빼앗는 반응을 환원이라고 합니다.

산화구리	+	탄소	→	구리	+	이산화탄소
CuO	+	C	→	Cu	+	CO_2

화살표 좌우로 O의 개수가 맞지 않으므로 좌변에 CuO를 하나 더해줍니다.

CuO	+	C	→	Cu	+	CO_2
CuO						

화살표 좌우로 Cu의 개수가 맞지 않으므로 우변에 Cu를 하나 더해줍니다.

CuO   +   C   →   Cu   +   CO$_2$

CuO   Cu

정리하면 다음과 같습니다.

2CuO   +   C   →   2Cu   +   CO$_2$

제 2 장

주기율표가 만들어지기까지

화학의 역사

제2장 요약

앞에서 언급했듯 주기율표는 세게사의 세계 지도와 마찬가지로 원자 여행을 떠날 때 '길 안내 지도' 역할을 해주는 중요한 도구입니다. 주기율표를 보는 법에 대해서는 3장에서 소개하겠습니다만, 그전에 2장에서는 화학의 시작부터 주기율표가 탄생하기까지 역사를 소개하려 합니다.

우선 화학의 역사를 거슬러 올라가보면 원시시대의 인류가 불을 이용한 사건까지 거슬러 올라가게 됩니다. 불을 이용하면서 가열을 통해 금이나 청동, 철 등의 금속을 얻는 기술까지 손에 넣게 되었죠.

시대가 흘러 고대 그리스로 접어들자 "만물은 무엇으로 이루어져 있는가?"라는 철학자들의 물음을 출발선으로 삼아 세계의 근원에 대한 탐구가 시작되었습니다. 그리고 **데모크리토스**의 "만물은 원자로 이루어져 있다"라는 원자론이 탄생하게 됩니다. 또한 데모크리토스의 원자론에 대한 비판으로 **아리스토텔레스**는 4원소설을 주장했습니다.

고대부터 17세기까지는 연금술이 융성했습니다. 얼핏 화학과 연금술은 무관한 분야처럼 보일지도 모르지만, 사실 연금술의 발전은 화학의 기틀을 다지는 데 큰 역할을 해냈습니다.

18세기에는 화학 혁명이 일어나면서 **라부아지에**가 연소 이론을 주장하고 원소의 정의를 내리기도 했습니다. 그리고 마침내 1869년, 러시아의 화학자 **멘델레예프**를 통해 최초의 주기율표가 발표됩니다. 이 주기율표에는 18족의 비활성기체 원소가 빠져 있었지만, 1894년에 아르곤의 발견을 시작으로 1900년에 마지막 비활성기체 원소인 라돈이 발견되며 완성이 되었죠.

원시시대, 불의 이용

↓

금속의 이용

1 금 **2** 청동 **3** 철

↓

고대 그리스

1 데모크리토스의 원자론 **2** 아리스토텔레스의 4원소설

↓

고대부터 17세기까지 연금술이 융성

↓

18세기의 화학 혁명

1 라부아지에의 연소 이론, 원소의 정의 **2** 돌턴의 원자량

↓

19세기, 주기율표 탄생

↓

비활성 기체의 발견

모든 것은 불에서 시작되었다

인류에게는 획기적 사건이었던 불의 사용

두 발로 걷게 된 인류는 손으로 도구를 사용하기 시작했습니다. 우선 인류는 나무나 돌을 재료로 도구를 만들었습니다. 나무로 된 몽둥이나 창, 두드려 깨서 뾰족하게 날을 세운 타제석기를 무기로 삼거나, 석기로 잡은 동물을 작게 찢어 먹었죠.

다음으로는 불을 이용하게 됩니다. 아마도 인류는 화산의 분화나 벼락으로 인한 산불 등 자연적 화재를 통해 뭔가를 태우는 연소라는 현상을 발견했을 겁니다. 이러한 들불에 다가가 불장난을 치는 와중에 불을 일시적으로 이용하는 단계를 거쳐 일상적으로 사용하게 되지 않았을까요. 이후로 인류는 나무와 나무를 마찰하거나 돌로 돌을 내리쳐서 불을 만들어내는 방법을 발견하게 됩니다.

어디까지나 제 추측이지만 원시시대에 처음으로 불에 흥미를 품었던 건 어린이들이 아니었을까요. 불을 두려워하던 어른들과 달리 원시시대의 소년들은 들불에 남은 불씨로 썩은 나무 따위에 불을 붙이고는 친구들과 신나게 불장난을 쳤을 겁니다. 그렇게 불장난을 치던 와중에 동물은 불을 무서워한다는 사실을 깨닫게 됩니다. 그리고 동물을 불로 쫓아낼 수 있다는 사실을 안 어른들은 힘을 합쳐서 무시무시한 육식동물을 몰아내기도 했겠죠. 불을 알게 된 인류는 맹수로부터의 방어, 조명, 난방, 조리 등에 불을 이용하기 시작했습니다.

가마의 발명

세월이 흘러 신인류의 시대로 접어들면서 인류는 불을 가하면 점토가 단단해진다는 사실을 알게 되었고, 불은 토기나 벽돌을 굽는 데 이용되었습니다. 토기를 이용해 먹을 것을 조리하거나 저장하는 기술이 개선되면서 음식물의 범위가 한층 넓어졌죠.

초기에는 소성 온도가 600~900℃인 들불로 토기를 구웠습니다. 그러다 흙이나 돌 따위로 주변을 둘러싸서 불과 토기를 떼어놓을 수 있는 가마가 발명되었습니다. 소성 온도는 훌쩍 올랐고, 튼튼한 토기와 도자기가 만들어지기 시작했습니다.

처음에는 금속 형태였던 금이나 구리를 이용

코펜하겐 왕립박물관의 관장이며 19세기에 활약했던 고고학자 **크리스티안 톰센**은 **인류의 문명사를 크게 석기 시대, 청동기 시대, 철기 시대로 분류했습니다.** 이 구분은 박물관의 소장품을 이기(利器, 편리한 기구), 특히 날붙이의 재질이 변화하는 양상을 기준으로 돌·청동·철의 세 가지로 분류해 전시하면서 시작되었습니다. 이 시대 구분은 오늘날까지도 이용되고 있죠.

고대 사회에서 처음으로 이용된 금속은 자연 상태에서 금속의 형태로도 산출되었던 금과 구리였습니다. 또한 철질운석(주로 철과 니켈의 합금으로 이루어진 운석-옮긴이)도 이용되었습니다. 크레타섬의 크노소스 궁전에서는 기원전 3000년경에 구리가 사용된 바 있으며, 기원전 2500년경 이집트의 멤피스 신전에서는 구리로 된 수도관이 사용되고 있었습니다.

광석에서 금속을 추출하다

금은 아름답지만 도구로 사용하기에는 너무 물렀습니다. 한편 자연구리나 철질운석은 양이 많지 않았죠. **지구상의 금속 대부분은 산소나 황 등의 화합물인 광석의 형태로 존재하고 있습니다.** 따라서 인류는 **광석을 목탄 등과 섞어 함께 가열해서 금속을 얻는 기술을 손에 넣게 됩니다.**

이는 생산 기술에 본격적으로 화학 반응을 응용한 사례였습니다. 광석에서 금속을 추출하거나, 추출한 금속을 정련하거나 합금을 만드는 기술을 야금이라고 하는데, 야금으로 광석에서 금속을 뽑아내기란 몹시 어려운 작업이었습니다. 예를 들어 구리는 자연구리로도 존재하지만 보통은 구리 광석에서 뽑아냅니다. 구리 광석의 경우는 구리가 산소나 황과 결합해 있기 때문에 광석에서 산소나 황을 제거하지 않으면 금속 형태의 구리는 얻을 수 없죠.

광석 속의 구리와 산소, 황 등은 그리 강하게 결합되어 있지 않기 때문에 산소나 황 따위와 강하게 결합하는 물질과 광석을 함께 가열해주면 구리를 얻을 수 있습니다. 처음에는 구리 광석과 땔나무를 교대로 쌓아놓고 불을 붙여서 반응시켰으리라 생각됩니다.

이윽고 땔감 대신 목탄이 사용되었고, 나아가 돌을 쌓아서 만든 가마 안에서 반응을 일으키게 되었습니다. 참고로 이 반응은 중학교 과학 시간에 '탄소를 이용한 산화구리의 환원'으로 배웁니다.

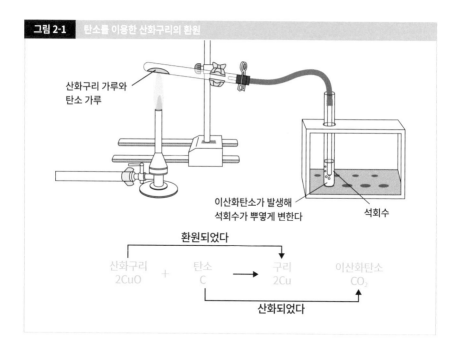

그림 2-1 탄소를 이용한 산화구리의 환원

산화구리 가루와 탄소 가루

이산화탄소가 발생해 석회수가 뿌옇게 변한다

석회수

환원되었다

| 산화구리 2CuO | + | 탄소 C | → | 구리 2Cu | 이산화탄소 CO_2 |

산화되었다

청동을 만들어내다

이렇게 얻은 구리 덩어리를 도가니에 넣어서 가열하면 구리가 녹아 액체로 변합니다. 이 액체를 주형에 흘려 넣고 식히면 주형의 형태에 맞게 변하게 되죠. 구리 자체는 무르지만 주석과의 합금인 청동으로 만들면 주석이 함유되는 비율에 따라 경도를 조절할 수 있습니다. 구리보다 단단하고 튼튼하게 만들 수 있으므로 농업용으로는 괭이나 가래, 무기로는 칼이나 창을 만들어 사용했습니다.

구리의 녹는점(고체가 녹아서 액체로 변하는 온도)이 1085°C인 반면 청동은 900°C보다 낮은 온도에서 녹으므로 더 쉽게 녹일 수 있습니다. 고대 이집트에서는 기원전 2000년경부터 청동이 본격적으로 사용되었습니다.

그림 2-2 금속을 이용한 역사

금	청동	철	알루미늄 합금
투탕카멘의 가면	구리 종	갑옷	제트기

고대 ──────────────────────────────→ 현대

청동보다 단단하고 강한, 철의 시대로

철광석의 경우, 철과 산소 등은 구리와 산소에 비해 훨씬 강하게 결합되어 있기 때문에 철광석에서 철을 얻기란 몹시 어려운 일이었습니다. 그래서 인류는 목탄을 사용해 광석에서 철을 정련하는 기술을 손에 넣게 됩니다. 청동기 문명에서 철기 문명으로 이행되기 시작했죠. 철과 탄소가 합쳐진 강철은 청동보다 가벼우면서 강하기 때문에 농기구나 무기 등의 재료로 쓰였습니다. 지금도 우리는 금속 중에서는 철을 가장 많이 사용하고 있습니다.

고대 그리스의 원자론과 4원소설

2000년 하고도 수백 년 전, 그리스 철학자들은 생각했다

기원전 6~7세기 에게해 동쪽 이오니아 지방의 그리스 식민도시 밀레토스 등에서 처음으로 "만물은 무엇으로 이루어져 있는가?"라는 물음을 이론적으로 생각한 사람들(철학자)이 등장하게 됩니다. 여기서는 그중에서도 특히 세 사람, **탈레스**(기원전 624년경~546년경), **데모크리토스**(기원전 460년경~370년경), **아리스토텔레스**(기원전 384년~322년)의 주장을 다뤄보겠습니다. 탈레스가 태어난 기원전 624년부터 가장 늦게 태어난 아리스토텔레스가 죽은 기원전 322년까지는 약 300년의 간격이 있습니다. 다시 말해 약 300년 동안 그리스 문명이 꽃피었다는 뜻이죠.

고대 그리스의 세 철학자가 태어난 이오니아 지방은 에게해와 맞닿아 있으며, 흑해 방면으로 향하는 경로 위에 놓여 있었기 때문에 각 식민도시에서는 상업이 발달했습니다. 기원전 11세기에는 농사에 철기가 사용되면서 생산력이 향상되었죠. 그리고 기원전 7세기에 화폐가 쓰이면서 상공업 계층에 부가 축적되자 학자들은 귀족·신전 등에 기대지 않고도 매사를 고찰해 볼 여유가 생겨났습니다.

만물은 물로 이루어져 있다고 주장한 탈레스

"만물은 무엇으로 이루어져 있는가?"라는 근원적 물음에 처음으로 답한 이는 탈레스였습니다. 무역상이었던 탈레스는 지중해를 배로 여행하거나, 교역을 하거나, 올리브유를 이집트에 팔러 가고는 했죠. 넓은 세계를 접한 탈레스는 "만물은 무엇으로 이루어져 있는가?"라는 거대한 문제에 몰두하게 됩니다.

탈레스는 다음과 같은 의문을 가졌습니다.

"세상에는 헤아릴 수 없을 만큼 다양한 것이 존재한다. 만물은 놀라우리만치 다양하게 변화한다. 가장 근본적인 사실은 만물이 변화한다는 것이다. 끊임없이 변화하면서도 만물은 무(無)에서 태어나지 않으며, 사라져버리지도 않는다. 다시 말해 만물은 태어나지도, 사라지지도 않는다."

다시 말해 **'헤아릴 수 없게 많은 것이 끊임없이 변화하고 있는데 전체적으로는 태어나지도 사라지지도 않는 이유는 무엇인가?'**라는 의문이었죠.

탈레스는 필시 모든 물질은 단 하나의 '근원'으로 이루어져 있기 때문이라고 생각했습니다. 그러다 눈에 들어온 것은 바로 물이었습니다.

"물은 식히면 얼음이 되고, 데우면 원래대로 돌아간다. 따뜻해진 물은 눈에 보이지 않는 수증기로 변하고, 식히면 눈에 보이는 김이 되어 물방울을 만들어낸다. 강이나 바다, 지면의 물은 수증기로 변해 하늘로 올라가 구름이 된다. 구름에서는 비나 눈이 내린다. 무궁무진하게 변화하는 물은 어떻게 변화하더라도 사라지지 않는다. 금속의 변화, 생명체의 변화도 물이 변화하는 방식과 비슷한 구석이 있다. 생김새나 형태는 변화하더라도 이들이 사라지지 않는 것은 **만물이 어떠한 '근원'과도 같은 물질로 이루어져 있기 때문이리라. 금속이나 생명체를 형성하는 '근원' 역시 모두 동일하지는 않을까. 그러므로 모든 것의 형태를 만드는 '근원'에 '물'이라는 이름을 붙이겠노라."**

탈레스의 '물'에 자극을 받아 많은 학자가 "무엇이 만물의 근원(원소)일까?"라는 의논을 펼쳤습니다.

어떤 사람은 근원(원소)을 공기로 보았고, 공기가 압축되거나 희박해지면서 각각 물과 흙, 불이 생겨나 이들이 자연계를 형성한다고 생각했죠. 또 어떤 사람은 근원(원소)을 불로 간주하며 '불타오르고, 사라지고, 언제나 활동하는 불'을 자연계에 빗대었습니다.

이런 세상에 한 명의 '앎의 거인'이 나타납니다. 바로 **데모크리토스**였죠. 데모크리토스는 **'만물을 형성하는 근원은 무수한 알갱이로 이루어져 있으며 알갱이 하나하나는 부서지지 않는다'**라고 생각했습니다. 그리고 아무리 부수더라도 더 이상 작게 나뉘지 않는 각각의 알갱이를 그리스어로 '부서지지 않는 것'을 의미하는 **아톰(원자, atom)**이라고 불렀습니다.

그리고 하나 더 데모크리토스는 중요한 사실을 깨달았습니다. 바로 '텅 빈 공간(공허, void)', 현대과학으로 표현하자면 바로 진공이었죠. **원자가 자리를 차지하거나 움직이려면 이를 위한 '텅 빈 공간'이 있어야만 한다**고 생각했습니다.

데모크리토스가 머리에 떠올린 것은 '수없이 많은 원자가 원자 말고는 아무것도 없는 텅 빈 공간을 쉴 새 없이 격렬하게 돌아다니다 충돌해 소용돌이를 만들어내고, 어떤 원자는 다른 몇 개의 원자와 들러붙어 한 덩어리를 이루고, 그 덩어리가 언젠가 파괴되어 본래의 원자로 돌아가는' 세계였습니다. '원자의 배열이나 조합을 바꾸면 다른 종류의 물질을 만들 수도 있다. **만물은 원자가 조합되면서 형성된다. 불, 공기, 물, 흙도 예외는 아니다**'라고 생각했던 거죠.

이처럼 만물이 원자로 이루어져 있다는 이론을 원자론이라고 합니다. 데모크리토스의 원자론에 따르면 철과 납의 경우 같은 부피임에도 납이 훨씬 묵직하면서 부드러운 이유는 다음과 같이 설명할 수 있습니다. '납이 철보다 원자가 훨씬 많이 뭉쳐 있다. 철은 원자 사이에 빈틈이 있는 곳과 꽉 들어 차 있는 곳이 있다. 따라서 납보다 빈틈이 있으면서 단단한 것이다. 납은 원자가 평균적으로 채워져 있기 때문에 전체적으로 빈틈이 적지만 철처럼 원자가 꽉 채워진 부분도 없기 때문에 무르다.'

현대 화학의 근본 원리는 원자론입니다. 방사성 원자가 존재하기 때문에 '원자는 부서지지 않는다'라는 사고방식은 틀린 셈이지만, 고대 그리스 시대에 원자론을 떠올린 자연철학자가 존재했다는 사실은 실로 놀라운 일이라고 해도 과언이 아니겠죠.

원자론을 싫어했던 팔방미인 아리스토텔레스

데모크리토스의 원자론은 **아리스토텔레스**의 비판을 받게 됩니다.

아리스토텔레스는 데모크리토스가 죽은 해에 7~8세였던 소년이었습니다. 아리스토텔레스는 플라톤의 제자였으며, 대제국을 건설한 **알렉산드로스 대왕**이 황태자였을 때 가정교사이기도 했죠. 아리스토텔레스를 아꼈던 알렉산드로스 대왕은 학문 연구 비용을 아낌없이 지원해 주었습니다. 아리스토텔레스는 다양한 분야에 대한 책을 쓰고 많은 제자를 두었습니다. '아리스토텔레스가 하는 말이라면 틀림없다'가 당시 문인들의 풍조였죠.

아리스토텔레스는 원자론을 두고 "어떠한 물질이든 때려서 부수면 작은 알갱이가 되지 않는가. 부서지지 않는 알갱이 따윈 존재하지 않는다. 또한 진공 역시 존재할 리 없다. 눈으로 보았을 때 텅 빈 공간 같아도 뭔가가 채워져 있다"라고 비판했습니다. 당시 사람들은 아리스토텔레스의 생각을 '자연은 진공을 싫어한다'는 말로 표현했습니다.

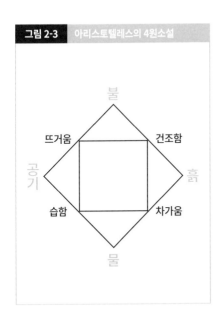

그림 2-3 아리스토텔레스의 4원소설

불
뜨거움 건조함
공기 흙
습함 차가움
물

그리고 아리스토텔레스는 만물을 형성하는 '근본 중의 근본'을 근원적 재료인 제1물질로 보았습니다. 제1물질은 현실의 모습과 형태를 갖추지 않은 존재로, 여기에 건조함, 습함, 차가움, 뜨거움이라는 네 가지 성질이 더해지면서 불, 물, 공기, 흙이라는 네 가지 원소(근원)가 생겨나고, 이것들이 뒤섞여 현실 세계를 형성한다고 생각했습니다. 예를 들어 '근원 중의 근원'에 뜨거움과 건조함이라는 성질이 더해지면 불이 생겨난다고 생각한 셈이죠.

2000년 동안 융성해온 연금술은 화학의 주춧돌이었다

연금술을 지탱해온 신념, 원소는 변할 수 있다!

돌멩이(광석)에서 나무보다 단단하고 번쩍거리는 금속을 만들어내다니, 평범한 사람들의 눈에는 그야말로 '하늘의 조화'처럼 보였을 겁니다. 사람들은 야금술로 금속을 만들어내는 기술자를 두고 신비한 마력을 지녔다면서 두려워하기도, 때로는 존경하기도 했죠. 화학 변화가 불가사의한 현상처럼 받아들여지던 고대 사회에서 납 등의 값싼 금속을 변성시켜서 귀금속인 금을 만들어내려는 사람들이 출현한 것은 당연한 흐름이 아니었을까요.

이러한 배경 때문에 **고대부터 17세기까지, 2000년 가까운 시간 동안 연금술이 융성하게 되었습니다.**

알렉산드리아의 연금술

기원전 331년, 이집트를 점령한 알렉산드로스 대왕은 이 지역의 수도로 나일강 하구에 알렉산드리아라는 도시를 건설했습니다. 이후 약 2세기 동안 알렉산드리아는 다채로운 문화와 전통이 뒤섞인 세계 최대의 도시로 성장했죠. 이 알렉산드리아가 연금술의 발상지라고 전해집니다.

이집트는 미라에서 찾아볼 수 있는 사체 방부 처리법, 염색법, 유리 제조법, 채유도기 제작, 야금술 등의 기술을 보유하고 있었습니다. 그리고 그리스 문화에서 아리스토텔레스의 원소설의 영향을 받아 '원소가 지닌 뜨거움·차가움·건조함·습함이라는 성질을 바꾸면 원소를 변화시킬 수 있을 것이다, 또한 값싼 금속을 금으로 바꾸는 것도 가능하다'라는 사고방식이 형성되었을 겁니다. 또한 이 시대에 알려져 있던 홑원소 물질로 금속 중에는 금, 은, 구리, 철, 주석, 납, 수은, 비금속 원소로는 탄소와 황이 있었죠.

금을 얻고 싶다는 욕망, 질병을 치료하겠다는 의학적 동기 등으로 연금술은 기원후 얼마 되지 않아 알렉산드리아 이외에 남미, 중미, 중국, 인도에서도 시작되었습니다.

연금술은 이슬람 세계에서 발전

7세기에 눈부신 확장세를 보인 이슬람교는 중동과 중앙아시아 대부분, 중근동과 아프리카 북부까지 지배하에 두었습니다. 당초 이슬람 왕국은 비(非)이슬람계 학문에 비판적이었지만 8~11세기 이슬람 제국의 두 번째 세습 왕조인 아바스 왕조가 탄생하자 이슬람 세계에서도 학문이 꽃피었죠. 당시의 권력자들은 고대 그리스뿐 아니라 중국이나 인도 등의 문헌까지 아랍어로 번역케 했습니다. 이슬람 제국 내외에서 학자들이 아바스 왕조의 수도 바그다드로 모여들어 수학, 천문학, 의학, 화학, 동물학, 지리학, 연금술, 점성술 등의 연구를 진행했죠.

이슬람의 연금술사들은 고대 그리스의 과학적 지식이나 연금술에 영적인 의미를 부여한 신플라톤파의 신비주의, 중국이나 인도의 과학, 연금술 등을 받아들였습니다. 그리고 이슬람 연금술에서는 황이나 수은이 자주 사용되기 시작했습니다.

아라비아의 연금술사 자비르 이븐 하이얀

760년경에 바그다드에서 태어난 **자비르 이븐 하이얀**은 '온갖 금속은 황과 수은으로 만들어진다, 황과 수은의 비율에 따라 금속의 성질이 변한다'라고 생각했고, 금은 완전한 비율을 갖춘 금속이며 납은 금으로 바꿀 수 있다고 믿었습니다. 그리고 '납을 황과 수은으로 분해한 뒤, 정련해서 불순물을 제거해 황과 수은의 비율을 금과 똑같이 맞추면 금을 만들어낼 수 있다'라고 생각했죠. 자비르는 금으로 바꾸는 데는 '현자의 돌'이라 불리는 특별한 물질이 필요하다고 말했습니다.

자비르는 연금술에 몰두하며 화학 분야에 지대한 공적을 남겼습니다. 금은 만들어내지 못했지만 물질에 대한 새로운 지식을 손에 넣어 정리하거나, 유리 기구의 성능, 금속 정련의 정밀도, 그리고 염료와 잉크의 제조 기술을 향상시키기도 했죠. 또한 염산과 질산을 혼합하면 생겨나는 왕수도 만들어냈습니다. **왕수는 염산, 황산, 질산으로도 녹일 수 없는 금을 녹이는 용액**입니다.

연금술의 도구

연금술에서는 가열에 따른 용해, 분해, 회화(灰化), 증류, 용해, 증발, 여과, 결정화, 승화(고체에서 직접 기체로 변하는 현상), 아말감화(금속을 수은에 녹이고 합쳐서 합금을 만드는 것) 등을 실시합니다. 여기에는 가마 등의 화로가 필요하죠. 화로에 공기를 불어넣기 위한 풀무도 쓰이기 시작했습니다.

용액이나 금속을 가열하려면 용기도 있어야 합니다. 바로 도가니죠. 화로와 도가니, 유리는 연금술 시대 이전부터 존재했지만 모래를 섞은 점토로 구워낸 내화성 도가니는 물론 지금으로

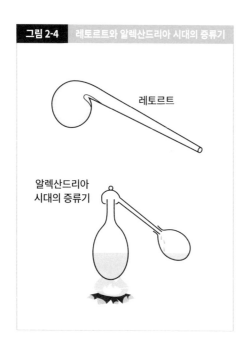

그림 2-4 레토르트와 알렉산드리아 시대의 증류기

레토르트

알렉산드리아 시대의 증류기

따지면 비커나 플라스크 등의 다양한 유리 용기도 만들어졌습니다. 증류기는 유리나 도자기로 만들어졌는데, 증류에는 공처럼 생긴 용기에 잘록한 관이 아래쪽으로 뻗어 나온 레토르트라는 유리 기구가 자주 쓰였습니다. 액체를 넣어 공 모양 부분을 가열하면 증기가 관 부분에서 결로되면서 추출해야 할 물질이 관을 따라 용기에 채워지게 됩니다.

'현자의 돌' 제작에 혈안이 된 르네상스 시대

유럽에 이슬람 연금술이 유입된 계기는 1096년에 시작된 십자군이었습니다. 십자군은 이슬람 세력으로부터 기독교의 성지 예루살렘을 탈환하고 방어하자는 운동으로, 약 200년 동안 7차례나 원정이 실시되었습니다. 12~13세기에는 다양한 이슬람 연금술 학파의 서적들이 라틴어로, 그리고 고대 그리스의 문헌도 그리스어에서 라틴어로 번역되었죠.

그리고 이 우주의 구조를 해명하려면 연금술을 연구해야 한다는 분위기가 고조되었습니다. '현자의 돌이라는 특별한 물질을 사용하면 값싼 금속을 금으로 바꿀 수 있다'고 생각한 연금술사들은 금을 만들어 내기 위해 필사적이었습니다. 다만 값싼 금속에서 금을 만들어내는 데 성공했다는 전설은 많지만, 실제로 성공이 확인된 사례는 없습니다. 사기꾼을 제외하면 성공했다 하더라도 합금이나 도금 따위에 불과했습니다.

참고로 현자의 돌은 단순히 금속을 금으로 바꾸어주는 돌이 아닙니다. 현자의 돌에는 광물의 원소, 금속의 원소, 영적인 원소까지 모두 깃들어 있었습니다. 그렇기 때문에 온갖 생물의 질병을 치유하고 건강을 유지시켜주는 만병통치약으로까지 여겨지는 불로불사의 약이기도 했죠. 연금술사들이 불로불사의 약을 추구하면서 연금술은 약을 만드는 데도 사용되었습니다.

연금술사의 삶

16~17세기 벨기에의 화가 **피테르 브뤼헐**은 연금술사의 작업장을 그림으로 남겼습니다(〈그림 2-5〉 참조). 온갖 도구가 이리저리 널려 있는 실험실에서 욕망에 휩싸인 인간의 모습을 한 장의 그림에 멋지게 묘사해냈죠.

당시 사람들은 연금술에 한계를 느끼기 시작하고 있었습니다. 브뤼헐의 그림에도 연금술사의 비참한 생활상이 묘사되어 있습니다. 어지럽혀진 실험실은 연금술사의 혼란한 정신 상태를 나타내고 있죠. 오른쪽 창문 아래는 여러 권의 두꺼운 연금술서를 읽는 학자가 있습니다. 이는 연금술서를 아무리 많이 읽어도 헛일임을 나타냅니다. 왼쪽에는 도가니를 이용해 가열이나 증류를 하고 있습니다. 냄비처럼 생긴 모자를 쓴 연금술사의 구멍 뚫린 헤진 옷에서는 비

그림 2-5   피테르 브뤼헐이 그린 연금술사 작업장

찍 마른 등이 드러나 있죠.

그림 가운데에 있는 여성은 연금술사의 아내로, 곡물 자루를 열어보고 있지만 안은 텅 비어 있습니다. 그 옆의 여성은 조수로, 풀무를 이용해 바람을 보내 불길을 키우고 있습니다. 창문 왼쪽 아이들은 찬장에서 먹을 것을 찾아보지만 텅 빈 솥뿐이죠. 창 밖에서는 연금술사 가족이 아이들의 손을 잡고 구빈소로 향하고 있습니다. 결국 수세기에 걸친 연금술은 값싼 금속을 금으로 바꾸는 첫걸음이어야 할 현자의 돌을 만들어내지 못한 채 쇠퇴했고, 이후 근대 화학이 탄생하게 됩니다.

19세기의 화학자 **유스투스 폰 리비히**는 "현자의 돌에 얽힌 수수께끼가 없었다면 화학은 지금의 모습을 이루지 못했으리라. 왜냐하면 **현자의 돌 같은 것이 존재하지 않는다는 사실을 발견하기 위해 사람들은 지구상의 온갖 물질을 자세히 조사해야만 했기 때문**이다"라고 언급한 바 있습니다.

공기와 비슷한 기체의 정체는 가스였다

공기와는 다른 증기

연금술사는 우리 주변에 존재하는 이른바 '공기'와는 다른, 악취를 내뿜는 공기의 존재를 발견했습니다. 또한 향료나 다양한 기름 따위가 증기로 변한다는 사실도 알고 있었죠. 이러한 증기는 공기와는 다르다 생각되어 '스피릿(정기)'이라고 불렸습니다. 스피릿이라는 말은 빈번하게 쓰이는 와중에 실험실에서 사용되는 쉽게 증발되는 기체, 즉 알코올을 가리키게 됩니다. 현재 증류주를 스피릿이라 부르는 데는 이러한 사연이 있었습니다.

가스(기체)의 대부, 벨기에의 판 헬몬트

판 헬몬트(1579~1644)는 62kg의 나무를 태우는 실험을 했고, 실험이 끝난 후 1.1kg의 재가 남았습니다. 발생한 증기는 얼핏 공기와 닮았지만 모아서 양초를 넣어보니 불이 꺼졌죠. 즉, 나무에는 '공기와 비슷한 것'이 포함되어 있다고 생각한 헬몬트는 이것을 '나무의 스피릿'이라고 불렀습니다. 이 나무의 스피릿은 와인이나 맥주를 발효시키거나, 알코올을 연소시킬 때 생겨나는 '공기 비슷한 것'과 동일한 물질이라 생각했죠. 거듭된 실험 끝에 공기 이외에도 '공기와 비슷한 것'이 무척 많다는 사실을 깨달았습니다. 연금술사이기도 했던 헬몬트는 최초의 우주는 무질서한 카오스(혼돈)였다는 고대 그리스 신화에 따라, 이 공기와 비슷한 것을 '카오스'라 부르기로 했습니다. 헬몬트가 거주하던 지역에서는 자음을 목청소리로 강하게 발음했기 때문에 카오스는 가오스라고 들렸고, 이후 가스라는 말로 변했습니다.

연소의 올바른 이론이 확립되며
화학 혁명이 일어나다

탄다는 것은 플로지스톤이 날아다닌다는 것?

18세기 초 독일의 **게오르크 슈탈**(1659~1734)은 **'타는 물질은 재와 플로지스톤(타게 하는 물질)으로 이루어져 있으며, 물질이 타는 이유는 플로지스톤이 배출되기 때문'**이라는 설을 주장했습니다. 양초, 숯, 기름, 황, 금속 등, 연소되는 모든 물질에는 플로지스톤이 포함되어 있기 때문에 연소되면 플로지스톤이 날아간다는 말이었죠. 예를 들어 숯은 타고 나면 약간의 재만 남으므로 플로지스톤을 다량으로 함유한 물질로 받아 들여졌습니다. 금속 또한 연소되어 재로 변하기 때문에 재와 플로지스톤이 결합되어 생겨난 물질로 생각했죠.

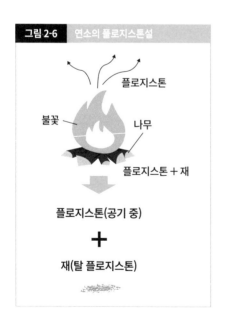

그림 2-6 　연소의 플로지스톤설

플로지스톤

불꽃　　나무

플로지스톤 + 재

플로지스톤(공기 중)

＋

재(탈 플로지스톤)

18세기 말까지는 이 플로지스톤설이 지배적이었습니다. 이때 연소는 '타는 물질'에서 '플로지스톤'을 제거하면 '재'가 되는 현상이라고 설명했지만, **금속이 타서 금속 재가 될 때 무거워지는 현상에 대해서는 제대로 설명하지 못했죠.** 이 점에 대해 플로지스톤은 마이너스 질량을 지녔다고 설명한 바 있습니다.

이산화탄소, 질소, 산소, 수소가 차례대로 발견되다

이산화탄소의 발견

18세기 중엽 영국 스코틀랜드의 에든버러대학에 **조지프 블랙**(1728~1799)이라는 대학 교수가 있었습니다. 블랙은 열 물리학의 토대를 쌓은 사람이죠. 1756년 블랙은 목탄(탄산포타슘)이나 석회석(탄산칼슘)의 화학반응에 대해 저울로 무게를 측정하며 연구했습니다. 그리고 이들 **고체의 내부에는 굳어진 공기(고정 공기)가 포함되어 있다는 사실을 발견했습니다.**

블랙의 동료였던 화학자는 저서의 서문에 "공기처럼 희박한 물질이 단단한 돌 같은 상태로 존재하며 이것이 돌의 성질을 크게 바꾸어놓다니, 이토록 신비한 일이 있을까?"라는 소감을 밝혔습니다. 여기서 말하는 단단한 돌이란 탄산칼슘으로 이루어진 석회석이나 대리석을 가리킵니다. 또한 **고정 공기란 이산화탄소를 가리키는 말**이었죠. 블랙은 이 고정 공기가 공기 내부에 포함되어 있다는 사실을 발견해냈습니다.

비커에 석회수(수산화칼슘 수용액)를 넣고 공기에 노출시켜두면 표면에 하얀 막 같은 것이 생겨납니다. 이 '막 같은 것'을 모아서 산을 뿌리자 석회석과 마찬가지로 거품을 내며 녹았기 때문에 석회석과 동일한 물질임이 밝혀졌죠. 지금의 교과서에는 기체가 이산화탄소인지 아닌지를 확인하는 방법으로, 기체를 석회수에 통과시켜 하얀 침전물이 생겨난다면(뿌옇게 탁해진다면) 이산화탄소라고 설명합니다. 블랙은 고정 공기를 기체 상태로 포집해 실험하려는 생각까지는 못했지만 약 10년 후, 영국의 **헨리 캐번디시**(1731~1810)가 수상치환으로 모아서 밀도를 측정했습니다.

질소의 발견

1772년 영국의 **다니엘 러더퍼드**(1749~1819)는 호흡이나 연소를 통해 일반적인 공기에서 산소와 이산화탄소가 제거되고 남은 기체에 불연성이며 이 안에서는 동물이 살아갈 수 없다는 사실에서 '유독한 공기'라는 이름을 붙였습니다. 이것이 바로 질소였죠.

산소의 발견

1774년 영국의 **조지프 프리스틀리**(1733~1804)가 『다양한 공기에 대한 실험과 관찰』(Experiments and Observations on Different Kinds of Air)이라는 책을 냈습니다. 프리스틀리는 물과 치환하는 수상치환이 아니라 수은과 치환하는 방법으로 다양한 기체를 모아서 성질을 조사했습니다. 물에 잘 녹아서 수상치환으로는 모을 수 없는 기체도 이 방법이라면 모을 수 있었죠. 프리스틀리는 염화수소(물에 녹이면 염산이 된다)와 암모니아도 조사하는 데 성공했습니다.

하지만 프리스틀리의 가장 큰 발견은 누가 뭐래도 산소였죠. 금속인 수은은 접시에 넣고 가열하면 조금씩 증발해 표면에 황적색 막 같은 수은재가 생겨납니다. 이렇게 생겨난 수은재를 다시 높은 온도로 가열하면 금속인 수은으로 돌아갑니다. **프리스틀리는 수은재에서 산소를 분리**해낸 것입니다.

우선 수은을 담은 용기에 수은과 수은재가 든 시험관 같은 관을 거꾸로 세웠습니다. 수은재는 수은보다 가볍기 때문에 관 꼭대기로 향하게 되죠. 이렇게 관 꼭대기에 고인 수은재에 커다란 볼록렌즈로 햇빛을 모아 가열했습니다.

그러자 수은재에서 기체가 발생해 관 윗부분에 고였죠. 프리스틀리가 그 기체를 채취해 양초를 집어넣자 양초는 눈부신 빛을 내며 활활 타올랐습니다. 1774년 8월 1일의 일이었습니다. 이 기체 안에 생쥐를 넣어보았지만 쥐는 힘차게 돌아다녔습니다. 프리스틀리는 이 기체에 **탈(脫)플로지스톤 공기**라는 이름을 붙였습니다.

사실 프리스틀리보다 1년 전에 스웨덴의 화학자 **카를 셸레**(1742~1786)가 마찬가지로 수은재에서 동일한 기체를 발견해 '불의 공기'라는 이름을 붙였습니다. 산소는 셸레가 더 일찍 발견

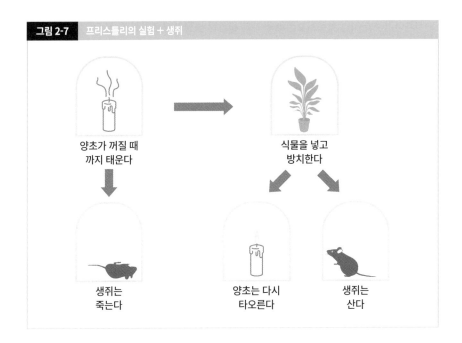

그림 2-7 프리스틀리의 실험 + 생쥐

양초가 꺼질 때
까지 태운다

식물을 넣고
방치한다

생쥐는
죽는다

양초는 다시
타오른다

생쥐는
산다

했음에도 불구하고 어처구니없게도 인쇄소의 실수로 프리스틀리의 연구가 먼저 발표되고 말았습니다.

'탈플로지스톤 공기'든 '불의 공기'든, 이 기체의 이름에서는 보일이 주장한 불의 입자설이나 플로지스톤설의 영향을 엿볼 수 있습니다.

플로지스톤으로 추정되는 기체를 발견하다

1766년 영국의 화학자 **캐번디시**는 금속과 묽은 황산을 반응시켜서 금속에 포함되어 있는 '공기'를 조사했습니다. 발생한 기체는 물이나 알칼리에 녹지 않고 대기 중에서 잘 타올랐지만, 그 기체와 공기가 혼합된 기체에 불을 가져가자 폭발하며 물이 생겨났죠. 이어서 캐번디시는 기체를 식별하기 위한 새로운 방법으로 밀도를 측정해 이 기체가 매우 가볍다는 사실을 알아냈습니다.

'가연성 공기(타는 공기)'라는 이름이 붙은 이 기체는 가벼우며 잘 타기 때문에 플로지스톤 그 자체이거나 아니면 플로지스톤과 공기가 결합된 물질이라 여겨졌죠. 참고로 이 기체에는 1783년에 '물을 낳는다'라는 그리스어에서 유래해 '수소'라는 이름이 붙었습니다.

플로지스톤설을 밀어낸 라부아지에의 화학 혁명

'화학 혁명의 아버지'라 불린 **앙투안 라부아지에**(1743~1794)는 조지프 프리스틀리가 '탈플로지톤 공기', 카를 셸레가 '불의 공기'라고 부른 공기 중 기체에 '산소'라는 이름을 붙이며 **연소는 가연물질과 산소가 결합하는 것이라는 연소 이론**을 주장하고, **원소를 '더 이상 화학적으로 분리할 수 없는 기본 성분'으로 보고 33종의 원소표를 발표하는 등 새로운 원소관을 확립**했습니다.

29세의 라부아지에는 펠리컨 실험이라 불리는 실험을 실시했습니다. 라부아지에는 실험용으로 유리 장인에게 별나게 생긴 유리병을 만들어 달라고 부탁하며 그 유리병을 '펠리컨'이라고 불렀습니다. 물을 유리나 도자기 그릇으로 오랫동안 가열하면 하얗고 폭신폭신한 침전물이 생겨나고, 물을 완전히 증발시키면 하얀 가루가 남습니다. 따라서 당시 많은 화학자들은 '물을 끓이면 흙이 된다'고 믿어왔죠.

그림 2-8 별난 생김새의 유리병인 펠리컨

이 사실을 확인하기 위해 라부아지에는 수차례 증류한 순수한 물을 펠리컨에 담아 101일 동안 계속해서 끓였습니다. 그러자 많은 침전물이 생겨났고, 식힌 뒤 침전물을 여과해 잘 말려서 전체적인 무게를 측정해 보았습니다. 그리고 여과된 물에도 흙으로 변하는 물질이 포함되어 있으리라는 추측에 물을 증발시켰고, 여기서 생겨난 침전물의 무게도 측정했습니다. 펠리컨 역시 잘 말린 뒤 무게를 측정했죠.

결과는 '여과지로 거른 침전물 + 끓인 물에서 생겨난 침전물'의 무게와 '본래의 펠리컨보다 가벼워진 무게'가 동일했습니다. 즉 **물이 흙으로 변한 것이 아니라 병의 유리가 녹아서 침전물로 가라앉았다**는 사실이 확인된 셈입니다. 이렇게 라부아지에는 정밀도가 뛰어난 저울로 무게의 변화를 탐구해 화학 변화를 조사하는 방법을 터득했습니다.

플로지스톤설을 추방한 연소 이론의 확립

라부아지에는 과거 로버트 보일이 "레토르트 안에서 금속인 주석을 재로 만들었더니 무거워진 것은 불의 미립자가 유리를 뚫고 레토르트로 날아들어 주석과 결합했기 때문이다"라고 설명했던 실험에도 도전했습니다. 주석이 든 레토르트의 입구를 막아 무게를 재고 볼록렌즈로 주석을 가열해 재로 만든 후, 가열을 멈추고 전체적인 무게를 측정했죠. 그런데 무게에는 아무런 변함이 없었기 때문에 라부아지에는 **재가 무거워진 이유는 레토르트 내부의 공기가 주석에 흡수되었기 때문**이라 생각하게 됩니다.

그리고 수은에 띄워둔 접시에서 인을 연소시키는 실험도 실시했습니다. 다 타버린 인은 하얀 가루로 변했고 무게는 늘어났죠. 공기는 약 5분의 1로 줄어들었고, 남은 공기에는 더 이상 연소를 일으키는 성질이 없었습니다.

1774년 10월의 어느 날, 영국에서 파리를 방문한 프리스틀리는 환영회 자리에서 '탈플로지스톤 공기'에 관한 이야기를 꺼냈습니다. 그 이야기를 들은 라부아지에는 바로 이것이 가열된 금속이나 인과 결합하는 물질이라 생각해 〈그림 2-9〉와 같은 같은 실험 장치를 만들었습니다.

레토르트에는 수은과 공기가 갇혀 있습니다. 라부아지에는 밤낮으로 쉬지 않고 레토르트를 가열했습니다. 그리고 유리 종 안의 공기의 부피와 수은재의 무게를 측정하고, 수은재를 가열해서 생겨난 기체(프리스틀리가 말한 탈플로지스톤 공기)의 부피를 측정했죠. 그러자 수은재가 생겨났을 때 흡수된 공기의 부피와 동일했습니다. 이 결과에 대해 라부아지에는 '**공기는 물질을 태우고 금속을 재로 변화시키는 기체 A와 연소와 무관한 기체 B로 이루어져 있다**', '**연소가**

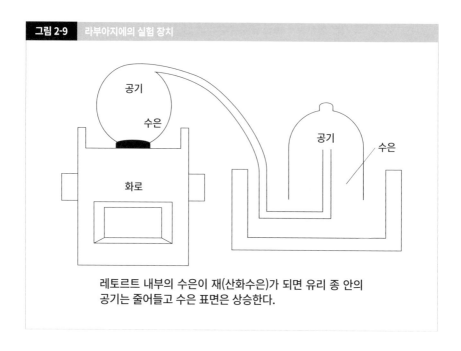

그림 2-9 라부아지에의 실험 장치

공기

수은

화로

공기

수은

레토르트 내부의 수은이 재(산화수은)가 되면 유리 종 안의
공기는 줄어들고 수은 표면은 상승한다.

벌어질 때 타는 물질과 기체 A가 결합해 새로운 물질이 생겨난다'라고 생각했습니다. 이렇게

플로지스톤을 고려할 필요가 없어진 라부아지에는 기체 A에 산소라는 이름을 붙이게 됩니다.

탄소, 황, 인 등이 연소되면 이산화탄소(탄산가스), 이산화황(아황산가스), 십산화사인(물과 가열하

면 인산) 등의 산성 물질로 변한다는 이유로 '산을 만드는 것'이라는 의미의 그리스어에서 유래

해 산소라는 이름을 붙였습니다. 이후 **염산(염화수소 수용액)에는 산소가 포함되어 있지 않으며**

산의 바탕은 수소임이 판명됩니다.

원소의 정의와 체계적 명명

라부아지에는 **원소에 '더 이상 화학적으로는 분해할 수 없는 기본 성분'이라는 정의를 내렸습**

니다. 라부아지에는 분석 기술 등이 발달함에 따라 그전까지는 분해하지 못해 원소라 여겨졌

던 물질도 머지않아 화합물임이 증명될 날이 오리라 예견했습니다. 예를 들어 라부아지에는

캐번디시가 발견한 '타는 공기'는 홑원소 물질이 분명하다고 생각했죠. '타는 공기'는 산소와

결합해 물이 됩니다. **물(수증기)을 가열한 철제 파이프에 통과시키면 수소를 만들어낼 수 있었습니다.** 이 수소는 더 이상 다른 물질로 바꿀 수 없죠. 따라서 라부아지에는 **'타는 공기'는 '물을 만드는 원소＝수소'라고 부르기로 했습니다.**

라부아지에가 1789년에 쓴 저서 『화학원론』(Elementary Treatise of Chemistry)에 언급된 **33종 원소 중 마그네시아, 석회를 포함한 8개는 이후 화합물임이 밝혀졌습니다.** 이 책의 원소표에서 가장 큰 오류는 '열'(칼로릭)과 '빛'을 원소로 보았다는 사실입니다. 원소인 '열'은 무게는 없어도 액체나 기체와 동일하게 작용한다고 받아들여졌습니다. 하지만 열과 빛이 원소가 아님은 이후 물리학자들을 통해 밝혀지게 됩니다.

라부아지에는 산소나 수소처럼 새로운 원소는 그 화학적 성질에 따라 이름을 붙이기로 했습니다. 화합물 역시 구성하는 원소의 이름을 조합해서 명명했죠. 이 명명법에 따라 '냄새가 고약한 기체'는 황과 수소로 이루어져 있으므로 황화수소라는 이름이 붙었습니다.

라부아지에는 프랑스 혁명이 한창이던 1794년 5월 8일, 혁명재판소의 심판을 받아 '프랑스 인민에 대한 음모죄'로 사형을 선고받고 같은 날 단두대에 올랐습니다. 향년 50세였죠. 참고로 라부아지에가 처형된 이유는 국가를 대신해 세금을 거두는 세금 징세 청부인이라는 직업 때문이었습니다.

라부아지에의 화학 혁명에 이은 돌턴의 원자론

작은 학원의 교사 등의 삶을 살았던 존 돌턴

학교 교과서에서 원자 이야기를 할 때면 꼭 등장하는 인물이 바로 영국의 존 돌턴(1766~1844)입니다. 가난한 농가에서 태어난 돌턴은 집안을 돕기 위해 무려 12세의 나이에 사설 학원을 열어서 강사가 됩니다. 하지만 막상 시작해보니 일이 이만저만이 아니라서 그만두고 아이들에게 과학과 수학을 가르치는 개인교사로 생계를 꾸리게 되었죠. 사치를 싫어해서 소박하게 살았던 돌턴은 일과를 워낙 규칙적으로 보냈기 때문에, 이웃 주민은 돌턴이 지나갈 때 시간을 맞출 정도였다는군요.

기상 연구에서 원자론으로

손수 기상 관측 기구를 제작한 돌턴은 기압이나 기온 등을 죽기 직전까지 매일 56년간 기록을 했습니다. 기상 관측을 통해 돌턴은 대기와 기체에 대해 생각하게 되었죠.

당시 과학 세계의 큰 수수께끼는 '밀도가 다른 산소와 질소가 다른 고도에서도 똑같이 섞인다'는 사실이었습니다. 돌턴은 뉴턴이 쓴 『프린키피아』를 읽고 '기체는 미립자, 즉 원자로 이루어져 있으며 이 미립자들은 가까워지면 서로를 밀어낸다'는 사실을 통해 원자의 관점에서 이를 해명해보기로 마음먹게 됩니다.

다양한 실험과 고찰을 거친 결과, 돌턴은 '산소와 질소 등은 원자의 크기나 무게가 다른 것이 아닐까'라는 생각에 도달했습니다. 그래서 '가장 가벼운 기체인 수소의 원자의 무게가 1일 경우 산소나 질소의 무게는 각각 몇 배나 되는지' 알아내려 했습니다. 이는 오늘날 말하는 원자량을 구하려는 시도였죠.

전제 조건은 **모든 물질은 저마다 중량과 형태가 완전히 동일한 원자로 이루어져 있다**였습니다. 수소와 산소는 무게로는 거의 1:8의 비율로 화합해 물이 됩니다. 수소 원자나 산소 원자가 몇 개씩 결합해서 물이 되는지는 알지 못했기에 원자의 개수비는 1 대 1로 가정했죠. 따라서 수소 원자의 중량을 1로 본다면 산소 원자는 8이 됩니다. 즉 수소의 원자량은 1, 산소의 원자량은 8이 됩니다.

하지만 실제로 수소의 원자량은 1, 산소의 원자량은 16이므로 돌턴의 생각은 틀린 것이었습니다. 왜냐하면 최대 단순성의 원리라는 가정(두 원소에서 단 하나의 화합물이 생겨날 경우, 결합하는 원자의 개수비는 1:1이다)하에서 성립된 이론이었기 때문이죠.

1803년 9월 6일, 돌턴은 세계 최초의 원자량표를 노트에 기록했습니다. 이날은 공교롭게도 돌턴의 생일이었죠. 또한 돌턴은 구두 발표나 논문 발표 등 화학에 관한 학설을 『화학의 새로운 체계』(A new system of chemical philosophy)로 정리했습니다. 이 저서에서 원자량에 대한 기록은 10페이지 분량으로 남아 있습니다.

원자량 발표 당시의 반응과 오늘날의 공적

결국 돌턴은 원자량표를 제출하기는 했지만 올바른 원자량을 구하지는 못했습니다. 최대 단순성의 원리라는 가정에서만 산출할 수 있었기 때문이죠. **돌턴의 공적은 정확한 원자량은 구하지 못했으나, 화학 연구에서는 원자량을 탐구하는 것이 무척 중요하다는 사실을 꿰뚫어보고 이후의 원자량 연구에 불을 지폈다는 사실**에 있습니다. 돌턴과 연구자들이 수립한 원자론은 이후 화학 발전의 주춧돌이 되었습니다.

아보가드로의 법칙과 분자의 개념

화학자들은 '산소나 수소의 분자는 O, H인가? 아니면 O_2, H_2인가? 물 분자는 HO인가? 아니면 H_2O인가?'라는 물음에 오랫동안 시달려왔습니다. 이 문제를 해결하지 않고서는 올바른 원자량을 정할 수 없었기 때문입니다. 현재는 산소, 수소 기체나 물 분자가 O_2, H_2, H_2O라는 사실이 밝혀졌지만 이 사실이 문제로 받아들여지고 화학자들이 확인하기까지는 반세기 가까운 세월이 걸렸죠.

돌턴이 처음으로 원자량을 정하는 방법을 발표하고 3년이 지난 1811년, 이탈리아인 **아보가드로**(1776~1856)가 **모든 기체는 온도와 압력이 동일하다면 같은 부피 안에 동일한 수의 분자를 갖는다**라는 아보가드로의 법칙을 발표합니다. 또한 아보가드로는 **'수소, 산소 등의 기체는 원자가 2개 결합된 분자로 이루어져 있다'**라고 보았습니다. 기체인 수소는 수소 원자가 2개 결합한 분자, 기체인 산소는 산소 원자가 2개 결합한 분자로 이루어져 있다고 생각하면 수소 원자의 원자량이 1일 경우 산소 원자의 원자량은 16이 됩니다.

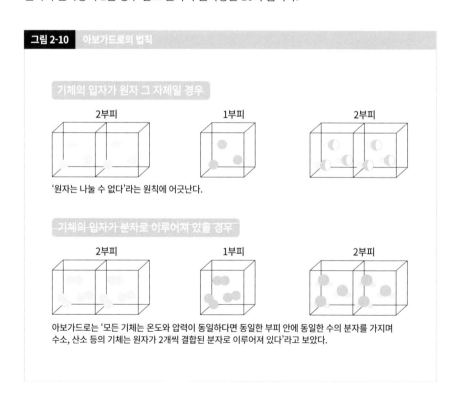

그림 2-10 아보가드로의 법칙

기체의 입자가 원자 그 자체일 경우

2부피　　　1부피　　　2부피

'원자는 나눌 수 없다'라는 원칙에 어긋난다.

기체의 입자가 분자로 이루어져 있을 경우

2부피　　　1부피　　　2부피

아보가드로는 '모든 기체는 온도와 압력이 동일하다면 동일한 부피 안에 동일한 수의 분자를 가지며 수소, 산소 등의 기체는 원자가 2개씩 결합된 분자로 이루어져 있다'라고 보았다.

원소가 주기율표로 정리되며 물질계의 지도가 탄생했다

현재 원자량은 '탄소-12'가 12로 정해져 있다

원자가 있는지 없는지조차 모르던 시절, 과학자들은 상상력과 실험으로 밝혀진 사실을 토대로 한 이론에 따라 원자의 무게(질량)를 정했습니다. 그 방법이란 바로 '어느 한 원자의 무게를 표준으로 잡고 다른 원자의 무게(표준 원자에 비해 몇 배인지)'를 정하는 방식으로, 다시 말해 원자의 상대적 질량입니다.

이와 같은 **원자의 상대적 질량을 '원자량'이라고 합니다.** 표준 원자로서 처음에는 가장 가벼운 수소 원자를 1, 다음으로 산소를 16으로 정하기도 했지만 1961년 이후로는 '질량수(=양성자의 수+중성자의 수) 12인 탄소 원자의 질량을 12'로 보고 있습니다. 따라서 각 원자의 원자량은 '원자 1개의 질량 ÷ 1개의 탄소-12 질량 × 12'가 됩니다.

잇따라 발견되는 새로운 원소들

19세기로 접어들어 볼타의 전지를 이용한 전기분해나 분광 분석법 등을 통해 새로운 원소가 속속들이 발견됩니다. 그리고 새로운 원소를 찾아 헤매는 여정은 주기율표가 등장하면서 최고조에 이르게 되죠. 원소가 늘어남과 더불어 **주기적으로 나타나는 원소의 유사한 성질들이 주기율표에 체계화되었기 때문**입니다.

영국의 화학자 **험프리 데이비**(1778~1829)는 새로운 원소로 소듐, 포타슘, 스트론튬, 칼슘, 마그네슘, 바륨, 붕소를 발견했습니다. 데이비는 1807년에 250장이나 되는 금속판을 사용해 사상 최대의 전지를 만들어서 라부아지에가 '분해할 수 없는 원소'라 생각했던 수산화포타슘과 수산화소듐의 전기분해에 도전했습니다. 처음에 이들 수용액에 전류를 흘려보내자 물이 분해될 뿐이었죠. 그래서 물을 제거하고 가열해서 녹인 물질에 전류를 흘려보내자 금속 상태의 포타슘과 소듐의 작은 알갱이를 얻을 수 있었습니다. 데이비가 발견한 소듐과 포타슘은 강한 환원력을 지녔기 때문에 당시만 해도 화합물에서 뽑아낼 방도가 없었던 금속을 얻어낼 강력한 수단으로 자리를 잡았습니다.

1825년 덴마크의 물리학자 **한스 외르스테드**가 알루미늄을 분리해내는 데 성공했고, 1827년에는 독일의 화학자 **프리드리히 뷜러**(1800~1882)가 외르스테드보다 먼저 순수한 알루미늄을 뽑아냈습니다. 이들의 방법은 **염화알루미늄과 포타슘을 섞어서 가열하면 포타슘이 염화알루미늄의 염소를 빼앗아 염화포타슘으로 변하면서 알루미늄만 남게 되는** 방식이었죠.

원소를 정리하려는 시도

라부아지에 이후로 새로운 원소가 잇달아 발견되기 시작합니다.

러시아의 화학자 **드미트리 멘델레예프**(1834~1907)가 원소 주기율표를 발표한 1869년까지 63종의 원소가 발견되었죠. 그리고 다수의 원소가 발견되면서 '원소 간에 어떠한 관계가 있지는 않을까?'라는 의문이 생겨났고, 당시의 화학자들은 원소를 분류해 정리하고자 했습니다.

멘델레예프 이전에는 할로젠족이나 알칼리 금속, 백금족처럼 유사성이 있는 원소끼리 묶거나, 화학적 성질이 비슷한 세 가지 원소를 '염소, 브로민, 아이오딘', '칼슘, 스트론튬, 바륨', '황, 셀레늄, 텔루륨'처럼 3개 그룹으로 나누는 방식, 음악의 '옥타브(8음계)'에 따온 법칙으로 원소를 원자량 순서에 따라 7열로 나열해 '어느 원소를 첫 번째로 고르더라도 여덟 번째 원소는 첫 번째 원소의 성질과 유사하다'는 옥타브 법칙 등이 있었습니다.

상트페테르부르크대학에서 화학을 배우고 강의용 교과서를 집필하기 시작한 멘델레예프는 원소를 체계적으로 취급하는 이론에 흥미를 가지게 됩니다. 그리고 **원자량이 하나의 열쇠**라 생각했죠.

우선 멘델레예프는 질소족, 산소족, 할로젠족을 원자량의 순서에 따라 배열했습니다. 이어서 한 원소의 원자량과 이름, 화학적 성질을 기입한 카드를 원자량이 작은 원소부터 순서대로 왼쪽에서 오른쪽으로 배치하고, 원자가(價)가 동일한 원소가 위아래로 오게끔 몇 번이고 거듭해 배열해보았습니다. 이렇게 완성된 최초의 주기율표는 1871년에 독일의 유스투스 폰 리비히가 편집을 맡았던 『화학연보』(Annalen der Chemie und Pharmacie)에 투고해 게재되었습니다.

멘델레예프는 주기율표에 **'훗날 발견되리라 생각되는 원소'**로 빈칸을 마련해두고 특히 세 가지 원소에 대해 그 성질을 상세히 설명했습니다. 이들 빈칸은 각각 붕소, 알루미늄, 규소의 밑에 자리해 있었습니다. 멘델레예프는 산스크리트어로 '1'을 의미하는 접두어 '에카'를 이용해 이들에 에카 붕소, 에카 알루미늄, 에카 규소라는 이름을 붙였습니다.

그리고 1875년에 분광 분석법으로 새로운 원소가 발견되고 갈륨이라는 이름이 붙었습니다. 이야말로 멘델레예프가 예언한 에카 알루미늄이며, 처음 발표된 원소에서 측정한 밀도값은 오류임이 분명하다는 주장이 제기되었습니다. 실제로 갈륨의 성질은 멘델레예프가 예언한 에카 알루미늄과 대단히 흡사했고, 밀도 역시 발견자가 재측정한 결과 에카 알루미늄에 가까웠죠. 이후 스칸듐과 저마늄이 발견되고 각각의 성질은 멘델레예프가 예언한 에카 붕소, 에카 규소와 거의 동일했습니다.

현재의 주기율표에는 **원자량 순서가 아닌 원자번호**(원자의 원자핵 내부의 양성자 수) **순서로 118종 원소가 배치되어 있습니다.** 참고로 원자번호 93번 이후의 원소들은 모두 인공원소입니다.

발표되었을 당시 화학자들은 주기율표에 그다지 신경을 쓰지 않았지만, 멘델레예프의 예언이 적중하면서 일반적으로 받아들여졌습니다. 그리고 새로운 원소를 찾아내거나 각 원소 사이의 관계에 대해 조사할 때의 '지도' 역할을 맡게 되었죠.

비활성 기체 원소의 발견

다만 멘델레예프의 주기율표에는 비활성 기체 원소가 쏙 빠져 있었습니다. 비활성 기체의 발견은 1894년, 영국의 과학자 **윌리엄 램지**(1852~1916)와 **존 스트럿 레일리**(1842~1919)가 아르곤을 발견하면서 시작됩니다.

레일리는 대기에서 분리해낸 질소가 질산 화합물에서 얻어낸 질소보다 밀도가 약간 더 높다는 사실을 발견했습니다. 여기에서 '대기 중에 새로운 원소가 포함되어 있지는 않을까?'라는 생각을 하게 되었고, 램지의 협력을 받아 끈질기게 실험을 반복한 결과 공기 중에 약 1퍼센트 함유된 아르곤을 발견해냈죠. 아르곤은 공기 중에 부피 순으로 질소, 산소에 이어 세 번째로 많이 함유된 물질입니다. 이어서 램지는 공기 중에서 네온, 크립톤, 제논을 발견했습니다.

램지는 개기일식 때 태양 코로나를 분광 분석하면서 발견한 헬륨을 지구상에서도 우라늄 광석에서 분리해냈습니다. 아르곤처럼 공기 중에 다량으로 함유되어 있었음에도 오랫동안 존재가 밝혀지지 않았던 이유는 지상의 원소와 반응하지 않는(화학적으로 비활성), 숨겨진 존재였기 때문이죠. 따라서 아르곤은 '게으름뱅이'라는 뜻의 그리스어 '아르고스'에서 유래해 원소명이 붙여졌습니다.

비활성 기체 원소 중 마지막으로 발견된 물질은 라돈입니다. 라돈은 1900년 퀴리 부부가 발견했습니다.

1904년 레일리는 '기체의 밀도에 관한 연구 및 이 연구를 이용한 아르곤의 발견'으로 노벨 물리학상을, 램지는 '공기 중의 비활성 기체 발견과 주기율표에서의 위치 발견'으로 노벨화학상을 수상했습니다.

발견된 비활성 기체는 주기율표 오른쪽 끝에 배치되었고, 이후 **비활성 기체가 화학적으로 비활성이며 매우 안정되어 있다는 사실은 이 원자의 전자배치를 통해 밝혀졌습니다.**

제 3 장

화학의 안내지도

주기율표

제3장 요약

앞의 2장에서는 화학의 시작부터 19세기에 멘델레예프가 주기율표를 발표하기까지의 역사를 알아보았습니다.

20세기로 접어들면서 원자가 더욱 작은 입자로 구성되어 있다는 사실이 판명됩니다. 따라서 3장에서는 주기율표를 이용해 원자보다 더욱 미시적인 전자라는 세계에 대해 알아보겠습니다.

우선 원자는 중심에 자리한 원자핵(양성자 + 중성자)과 그 주변의 전자로 이루어져 있다는 사실이 밝혀졌습니다. 원자 속의 전자는 원자핵 주변에서 몇 개의 층(전자껍질)으로 나뉘어 운동하고 있습니다. K 껍질, L 껍질, M 껍질, N 껍질 등이 원자핵과 가까운 안쪽부터 순서대로 배치되어 있죠.

전자껍질에 전자가 배치된 형태를 전자배치, 가장 바깥쪽 전자껍질의 전자를 원자가 전자라고 합니다. 가장 바깥쪽 전자껍질의 전자는 원자와 원자가 결합할 때 중요한 작용을 합니다.

화학 변화에서는 원자의 재구성이 일어나는데, 이때 변화하는 것은 원자핵이 아닌 전자들입니다. 특히 가장 바깥쪽 전자껍질의 전자를 주고받거나 공유하기도 하죠. 이때 원자와 원자의 결합은 화학 결합이라고 합니다.

화학 결합으로는 이온 결합, 공유 결합, 금속 결합의 세 가지가 있습니다. 비활성 기체를 제외한 대부분의 모든 물질은 원자와 원자의 화학 결합을 통해 형성됩니다.

원자핵의 구조

❶ 양성자　　　❷ 중성자

전자껍질

❶ 전자　　　❷ 전자배치　　　❸ 원자가 전자

주기율표

❶ 원자번호　　　❷ 족과 주기　　　❸ 금속 원소 / 비금속 원소

화학 결합

❶ 이온 결합　　　❷ 공유 결합　　　❸ 금속 결합

❶ 양이온
❷ 음이온
❸ 이온화 경향

❶ 전자쌍
❷ 홀전자

❶ 자유전자
❷ 금속 결정

원소는 '원자핵 속 양성자의 수'로 구별

원자의 내부

20세기에 접어들어 원자가 더욱 작은 입자로 구성되어 있다는 사실이 밝혀졌습니다. **원자는 중심의 원자핵과 그 주변의 전자로 이루어져 있습니다. 원자핵은 원자에서 대부분**(99.9% 이상)**의 질량을 차지하며 양(+)전하를 띤 양성자와 전하를 띠지 않는 중성자의 집단**입니다. 양성자와 중성자의 질량은 거의 동일합니다. 하지만 전자의 질량은 양성자에 비해 약 1840분의 1밖에 되지 않죠. 전자가 갖는 전하와 양성자가 갖는 전하의 절대치는 동일하지만 부호가 반대입니다. 원자핵의 양성자와 그 주변의 전자는 개수가 동일하기 때문에 원자는 전체적으로 전하를 띠지 않습니다.

　가장 작은 원자는 수소 원자입니다. 원자핵에 양성자 1개, 그 주변에 전자 1개를 갖고 있습니다. 다른 원자는 원자핵에 양성자와 중성자가 포함되어 있죠. 수소 원자 1개의 질량은 거의 양성자 1개의 질량이지만 원자의 크기에서 원자핵이 차지하는 부분은 극히 일부입니다. 지름 20m의 공을 수소 원자라고 가정한다면, 그 안에 있는 원자핵의 크기는 지름 1mm 정도입니다. 원자의 내부는 텅 비어 있다 해도 과언이 아니겠죠.

원자번호와 질량수

원자핵에 포함되는 양성자의 수는 원소에 따라 다른데, 이를 원자번호라고 합니다. 원자가 갖는 전자의 수는 양성자의 수와 동일하므로 **전자의 개수 역시 원자번호와 같아집니다.** 원자의 질량은 원자핵에 있는 양성자 수와 중성자 수로 정해집니다. 약 1840개의 전자를 모아야 간

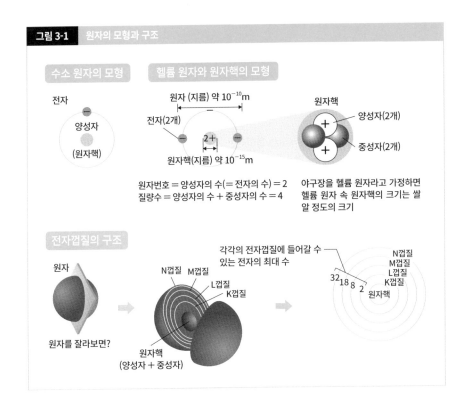

그림 3-1 원자의 모형과 구조

수소 원자의 모형

전자

양성자
(원자핵)

헬륨 원자와 원자핵의 모형

원자 (지름) 약 10^{-10}m

전자(2개)

2+

원자핵(지름) 약 10^{-15}m

원자번호 = 양성자의 수(= 전자의 수) = 2
질량수 = 양성자의 수 + 중성자의 수 = 4

원자핵

양성자(2개)

중성자(2개)

야구장을 헬륨 원자라고 가정하면
헬륨 원자 속 원자핵의 크기는 쌀
알 정도의 크기

전자껍질의 구조

원자

원자를 잘라보면?

N껍질 M껍질
L껍질
K껍질

원자핵
(양성자 + 중성자)

각각의 전자껍질에 들어갈 수
있는 전자의 최대 수

N껍질
M껍질
L껍질
K껍질

32 18 8 2
원자핵

신히 양성자 1개(= 중성자 1개) 분의 질량이 되므로 전자의 질량은 무시해도 되는 수준이죠.
원자핵을 구성하는 양성자의 개수와 중성자의 개수를 더한 값을 그 원자의 질량수라고 부릅
니다.

전자껍질과 전자배치

원자 속 전자는 원자핵 주변에서 몇 개의 층으로 나뉘어 운동하고 있습니다. 이러한 층을 전자
껍질이라고 하며, 원자핵과 가까운 안쪽부터 K껍질, L껍질, M껍질, N껍질의 순서로 배치되어
있죠. **각각의 전자껍질에 들어갈 수 있는 전자의 최대 수는 정해져 있는데, K, L, M, N껍질 순
으로 2, 8, 18, 32입니다.**

원자는 원자번호와 동일한 수의 전자를 가지며 안쪽의 전자껍질부터 순서대로 전자가 채워

집니다.

　전자껍질에 전자가 배치된 형태를 전자배치라 하고, 전자가 들어 있는 가장 바깥쪽의 전자껍질은 가장 바깥 껍질이라고 합니다. 가장 바깥 껍질의 전자는 원자와 원자가 결합할 때 중요한 작용을 하기 때문에 원자가 전자라고 부릅니다. 가장 바깥 껍질의 전자(원자가 전자)는 다른 원자와 그 전자를 주고받거나 공유해서 결합하는 중요한 역할을 띠고 있죠.

원자는 비활성 기체의 전자배치에 가까워지려 한다

비활성 기체의 전자배치

주기율표에서 18족의 비활성 기체는 화학적으로 매우 안정적이므로 화합물을 형성하기 어려운 물질입니다[18족의 헬륨부터 크립톤까지는 헬(He), 네(Ne), 아(Ar), 크(Kr)라고 묶어서 외워둡시다].

비활성 기체의 전자배치를 살펴보면 가장 바깥 껍질의 전자는 He의 경우 2개, Ne, Ar, Kr 등은 8개입니다. Ar은 K껍질(정원 2개), L껍질(정원 8개)에 채워진 후 M껍질(정원 18개)로 들어가는데, 전자껍질이 몇 개로 나뉘어져 있어서 저마다 안정성이 다릅니다. M껍질은 거의 8개로 매우 안정적이죠. Kr은 K껍질, L껍질, M껍질에 이어 N껍질(정원 32개)에 들어가며 N껍질은 거의 8개로 대단히 안정적입니다. 비활성 기체를 제외한 다른 원자들은 전자배치가 He나 Ne처럼 가장 바깥 껍질이 전자로 채워져 있거나, Ar이나 Kr처럼 가장 바깥 껍질의 전자가 8개를 이루면 대단히 안정적으로 변해 다른 원자와 결합하기 어려워집니다. **가장 바깥 껍질의 전자가 8개인 상태는 무척 안정적이므로 다른 원자들은 비활성 기체의 전자배치와 동일해지려는 경향이 있습니다.**

제3주기까지 원자의 전자배치

주기율표의 가로줄을 주기, 세로줄을 족이라고 합니다. 1족과 2족, 13~18족을 전형 원소라고 합니다. 그 외의 원소는 전이 원소라고 부르죠.

전형 원소 중에서 1족과 2족은 가장 바깥 껍질 전자의 개수가 각각의 족 번호와 동일합니다. 13~18족 원소의 가장 바깥 껍질 전자는 각 족 번호 1의 자릿수와 개수가 동일합니다(14족이

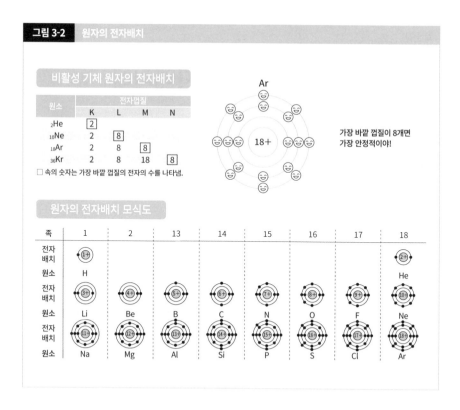

그림 3-2 원자의 전자배치

비활성 기체 원자의 전자배치

원소	전자껍질			
	K	L	M	N
$_2$He	2			
$_{10}$Ne	2	8		
$_{18}$Ar	2	8	8	
$_{36}$Kr	2	8	18	8

□ 속의 숫자는 가장 바깥 껍질의 전자의 수를 나타냄.

Ar

18+

가장 바깥 껍질이 8개면
가장 안정적이야!

원자의 전자배치 모식도

족	1	2	13	14	15	16	17	18
전자배치	1+							2+
원소	H							He
전자배치	3+	4+	5+	6+	7+	8+	9+	10+
원소	Li	Be	B	C	N	O	F	Ne
전자배치	11+	12+	13+	14+	15+	16+	17+	18+
원소	Na	Mg	Al	Si	P	S	Cl	Ar

라면 4). 전형 원소의 경우, 족이 동일한 원자들은 가장 바깥 껍질의 전자의 수가 같습니다. 바로 이 점이 동일한 족의 원소들이 무척 유사한 화학적 성질을 보이는 까닭입니다.

또한 1족, 2족의 경우는 주기율표 아래쪽에 위치한 원자일수록 전자가 원자핵의 영향권에서 멀어져가므로 가장 바깥 껍질의 전자가 원자로부터 벗어나기도 쉬워집니다. 따라서 아래쪽 원자일수록 전자를 잃는 반응이 현저하게 나타납니다.

16족, 17족의 경우는 주기율표 위쪽의 원자일수록 원자핵의 영향권으로 전자가 가까워지기 때문에 다른 원자에서 가장 바깥 껍질로 전자를 받아들이기도 쉬워지죠.

1족 알칼리 금속은 1가 양이온으로

제3주기까지 원자의 전자배치를 머릿속으로 상상하며 먼저 원자가 이온으로 변할 때 무슨 일이 벌어지는지 알아봅시다. 1족(수소 H를 제외)은 알칼리 금속이라고 합니다. 제3주기까지는 리튬과 소듐이 있습니다. 모두 은색의 무른 금속이죠. 공기 중에 놔두면 산소나 물과 반응하고 맙니다. 따라서 공기와 접촉하지 않게끔 등유에 넣어서 보관하죠.

리튬과 소듐 역시 가장 바깥 껍질의 전자는 1개입니다. 이 1개를 내보내면 각각 비활성 기체인 헬륨이나 네온과 전자배치가 동일해지므로 매우 안정적으로 변합니다. 따라서 가장 바깥 껍질의 전자를 받아들여줄 상대만 있으면 가장 바깥 껍질의 1개를 내보내버립니다.

전자 1개를 내보내면 원자핵의 양성자는 그대로 3개, 11개인데 전자는 2개, 10개만 남게 됩니다. 양성자 1개의 양전하, 전자 1개의 음전하는 합치면 정확히 플러스마이너스 0이 되므로 전자 1개를 방출하면 양성자 1개분의 양전하를 갖게 되죠. 이것이 이온입니다.

전하란 물질이 띠고 있는 정전기의 양입니다. 이온은 양 혹은 음전하를 지닌 원자나 원자의 집합(원자단)을 가리킵니다. 음전하를 지닌 전자를 잃으면 양전하의 수가 음전하의 수보다 많아지므로 양이온이, 반대로 전자를 받아들이면 양전하의 수가 음전하의 수보다 적어지므로 음이온이 됩니다.

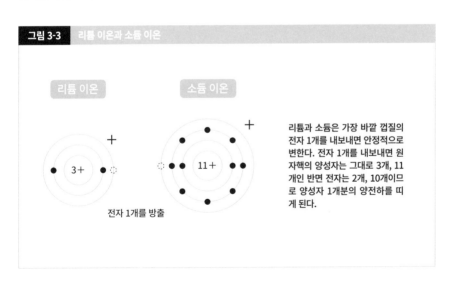

그림 3-3 리튬 이온과 소듐 이온

리튬 이온

소듐 이온

3+

11+

전자 1개를 방출

리튬과 소듐은 가장 바깥 껍질의 전자 1개를 내보내면 안정적으로 변한다. 전자 1개를 내보내면 원자핵의 양성자는 그대로 3개, 11개인 반면 전자는 2개, 10개이므로 양성자 1개분의 양전하를 띠게 된다.

알칼리 금속은 반응성이 뛰어난 가벼운 금속으로, 1가 양이온이 됩니다. 족에서 밑에 있는 원소일수록 가장 바깥 껍질의 전자가 원자핵에서 벗어나기 쉬운데, 전자를 내보내기 쉬운 만큼 반응성도 높아집니다. 물에 넣으면 리튬은 조용히 수소를 발생시키면서 반응해 수산화리튬LiOH이 됩니다. 소듐은 쌀알 크기의 경우 수소를 발생시키며 수면을 이리저리 휘젓다 수산화소듐NaOH으로 변하죠. 젖은 여과지 위에 올려두면 수소에 불이 붙어 노란색 불꽃과 함께 타오릅니다. 큰 덩어리를 물에 넣으면 폭발해 물기둥을 일으키죠. 소듐보다 아래에 있는 포타슘은 쌀알만 한 알갱이를 물에 넣으면 보라색 불꽃을 피워 올리며 수면을 휘젓다 수산화포타슘KOH으로 변합니다.

17족 할로젠은 1가 음이온으로

제3주기까지 17족 할로젠으로는 플루오린과 염소가 있습니다.

가장 바깥 껍질의 전자가 7개인 염소 원자는 전자를 하나만 더 얻으면 아르곤과 전자배치가 동일해져서 안정적으로 변합니다. 이때 원자핵의 양자 수는 그대로 17개인 반면 전자는 18개가 되므로 전자 1개분의 음전하를 지닌 1가 음이온으로 변하죠. 명칭은 염화물 이온Cl⁻ 입니다. 뒤에 나오겠지만 원소명 뒤에 '이온'을 붙인 경우는 양이온입니다. '염소 이온'이라고 했다간 양이온이 되고 만다는 뜻이죠.

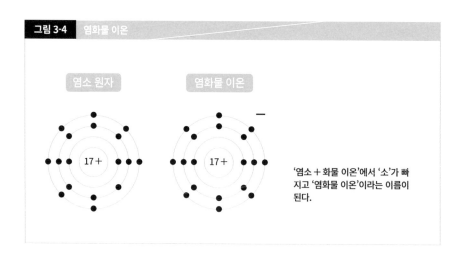

그림 3-4 염화물 이온

염소 원자   염화물 이온

17+   17+

'염소 + 화물 이온'에서 '소'가 빠지고 '염화물 이온'이라는 이름이 된다.

염소의 경우는 **염소 원자 2개가 결합한 염소 분자Cl_2가 이리저리 휙휙 날아다니고 있죠.** 염소계 표백제 냄새는, 바로 이 염소 기체의 냄새입니다. 염소는 전쟁에서 독가스로 가장 먼저 사용되었습니다.

플루오린의 홑원소 물질은 연구하던 화학자를 여럿 희생시킨 화학자 킬러로 유명합니다. 플루오린 역시 원자 2개가 결합한 플루오린 분자의 형태로 이리저리 휙휙 날아다니고 있습니다. **가장 바깥 껍질이 원자핵과 가까울수록 전자를 얻기 쉬워지죠.** 플루오린 기체F_2는 음이온으로 변하기 무척 쉬운데, 이온화하면 플루오린화 이온F^-이 됩니다.

할로젠인 플루오린, 염소, 브로민, 아이오딘은 홑원소 물질의 경우 원자 2개가 결합한 분자입니다. 플루오린 > 염소 > 브로민 > 아이오딘의 순으로 음이온이 되기 쉽죠. 한편 원자 및 분자의 크기는 플루오린 < 염소 < 브로민 < 아이오딘의 순으로, **분자가 클수록(무거울수록) 분자끼리 끌어당기는 힘도 강해지므로** 일반적인 온도에서 플루오린이나 염소는 기체인 반면 브로민은 액체, 아이오딘은 고체 형태를 띱니다.

2족의 마그네슘과 16족의 산소

2족은 알칼리 토금속(베릴륨과 마그네슘을 제외하는 관점도 있음)입니다. 모두 은색의 금속이죠. 마그네슘의 원자는 가장 바깥 껍질의 전자 2개를 내보내서 2가 양이온인 마그네슘 이온Mg^{2+}이 됩니다.

16족의 산소는 원자 2개로 산소 분자가 됩니다. **산소 분자는 반응성이 뛰어나서 산화물을 형성합니다.** 산소 원자의 전자배치를 살펴보면 가장 바깥 껍질의 전자가 6개이니 2개만 더 얻으면 2가 음이온인 산화물 이온O^{2-}이 되겠네요(〈그림 3-5〉 참조).

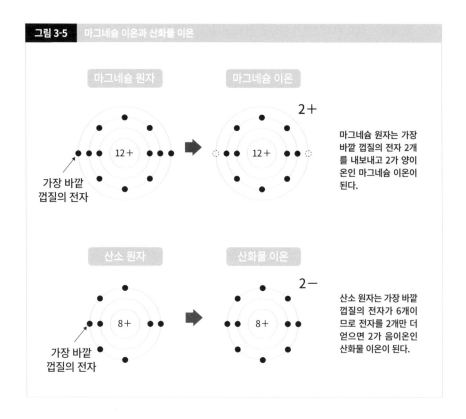

그림 3-5 　마그네슘 이온과 산화물 이온

마그네슘 원자

마그네슘 이온

2+

12+

12+

가장 바깥
껍질의 전자

마그네슘 원자는 가장
바깥 껍질의 전자 2개
를 내보내고 2가 양이
온인 마그네슘 이온이
된다.

산소 원자

산화물 이온

2−

8+

8+

가장 바깥
껍질의 전자

산소 원자는 가장 바깥
껍질의 전자가 6개이
므로 전자를 2개만 더
얻으면 2가 음이온인
산화물 이온이 된다.

전자를 내보내거나 받아들이는 경향

원자에서 전자가 방출되거나 유입되는 경향은 주기율표의 위치를 보면 알 수 있습니다. 원자핵과 가장 바깥 껍질의 거리와 관련이 있죠. **원자핵에서 가장 바깥 껍질이 멀수록 가장 바깥 껍질의 전자를 내보내기 쉬워지고, 원자핵에서 가장 바깥 껍질이 가까울수록 가장 바깥 껍질로 전자를 받아들이기 쉬워집니다.**

　주기율표의 중앙에 자리한 제3주기에서는 알루미늄을 기준으로 크게 금속 원소와 비금속 원소의 두 가지로 나뉩니다. **금속 원소와 비금속 원소가 반응하면 대부분의 경우 이온성 화합물(이온 결정)이 형성됩니다.** 양이온과 음이온이 전기적으로 균형을 이루며 생겨나는 결정이 바로 이온 결정이죠. 양전기와 음전기가 쿨롱 힘(정전기적 인력)으로 서로를 끌어당기며 생겨나

그림 3-6	원소의 일반적인 경향

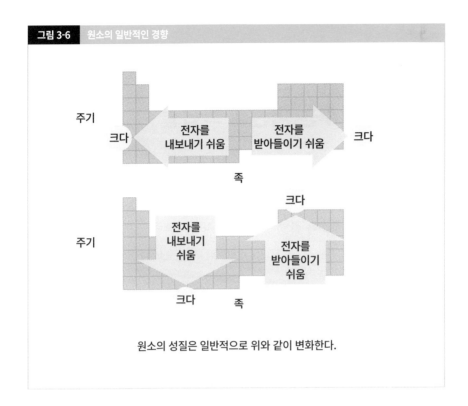

원소의 성질은 일반적으로 위와 같이 변화한다.

는 결합이 바로 이온 결합입니다.

염화소듐은 소듐 이온과 염화물 이온이 이온 결합으로 결합하며 생겨난 이온성 화합물(이온 결정)입니다.

113

양이온과 음이온이 전기적으로 균형을 맞추는 이온성 화합물

이온의 명칭

양이온은 H^+를 수소 이온, Na^+를 소듐 이온이라 부르듯 원소명에 이온을 붙여서 부릅니다. 음이온은 Cl^-를 염화물 이온, O^{2-}를 산화물 이온이라 부르듯 원소의 어미를 '~화물 이온'으로 바꿔서 부르죠.

원자단의 이온은 각각의 이온마다 고유한 이름이 있습니다. 산에서 유래하는 다원자 음이온은 질산 이온, 황산 이온처럼 해당하는 산의 명칭에 '이온'을 붙여서 부릅니다.

그림 3-7 **이온의 예**

양이온	음이온
수소 이온 H^+	염화물 이온 Cl^-
소듐 이온 Na^+	수산화물 이온 OH^-
포타슘 이온 K^+	질산 이온 NO_3^-
마그네슘 이온 Mg^{2+}	황산 이온 SO_4^{2-}
칼슘 이온 Ca^{2+}	탄산 이온 CO_3^{2-}
알루미늄 이온 Al^{3+}	
암모늄 이온 NH_4^+	

이온성 화합물의 화학식(조성식)

염화소듐(소금의 주성분)의 결정은 Na^+와 Cl^-가 규칙적인 배열로 결합되어 있으며 결정 전체의 전하는 0입니다. **이온성 화합물은 양이온과 음이온이 전기적으로 균형을 맞추듯 일정한 비율**

로 결합된 물질입니다.

이들 물질을 기호로 나타낼 때는 성분 이온의 수를 가장 간단한 정수비로 나타낸 조성식을 이용합니다. 예를 들어 염화소듐의 경우는 Na^+와 Cl^-의 비율이 1:1이므로 조성식은 NaCl이 됩니다. 염화마그네슘은 Mg^{2+}와 Cl^-의 비율이 1:2이기 때문에 조성식은 $MgCl_2$가 되겠죠.

(양이온의 가수) × (음이온의 수)

= (음이온의 가수) × (음이온의 수)

이온성 화합물은 각종 금속의 양이온에 음이온인 산화물 이온O^{2-}, 황화물 이온S^{2-}, 염화물 이온Cl^-, 질산 이온NO_3^-, 황산 이온SO_4^{2-}, 탄산 이온CO_3^{2-}, 탄산수소 이온HCO_3^-, 수산화물 이온OH^- 이 결합하면서 생겨납니다. 이러한 물질은 음이온인 '~화물 이온' 혹은 '~산 이온'에서 '~'부분, 그리고 양이온인 '○○ 이온'에서 '○○' 부분을 합쳐서 '~화 ○○' 혹은 '~산 ○○'이라는 이름으로 부릅니다.

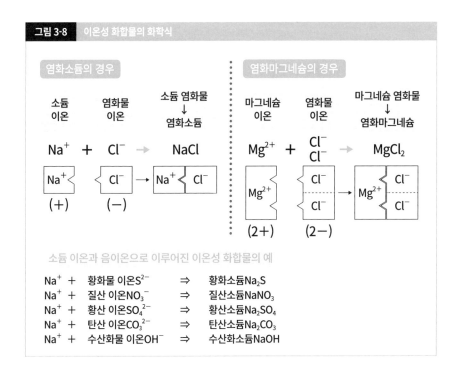

그림 3-8   이온성 화합물의 화학식

115

소금(鹽)보다 훨씬 넓은 의미의 염(鹽)

이온성 화합물은 '염'이라고도 부릅니다. 염화소듐NaCl 역시 '염'의 일종이지만 '소금[한자로는 마찬가지로 염(鹽)]'이라 부르기도 하죠. 금속 이온에 질산 이온NO_3^-, 황산 이온SO_4^{2-}, 탄산 이온CO_3^{2-}, 수산화물 이온OH^-, 산화물 이온O^{2-}, 황화물 이온S^{2-}, 염화물 이온Cl^-이 결합되어 생겨난 화합물을 질산염, 황산염, 탄산염, 수산화물, 산화물, 황화물, 염화물이라고 부릅니다.

이온성 화합물은 기본적으로 물에 녹는다

염화소듐이나 수크로스는 물에 녹아 투명한 액체가 됩니다. 이는 염화소듐이나 수크로스가 이온과 분자로 나뉘어 물속에 균일하게 분산되었기 때문입니다. 이러한 현상을 용해라고 하며 그 결과 생겨난 혼합물을 용액이라고 합니다. 또한 녹이는 액체를 용매, 녹는 물질을 용질이라고 부릅니다. 물은 각종 물질을 용해하는 능력이 매우 뛰어난 액체입니다. 예를 들어 바닷물에는 60종 이상의 원소가 녹아 있죠. 특히 물은 이온성 화합물에 대해서는 최고의 용매입니다. 하지만 석유벤진, 사염화탄소, 벤젠 등의 유성 물질은 물에 거의 녹지 않습니다.

염화소듐 같은 이온성 화합물은 음과 양의 두 이온이 서로를 끌어당기고 있습니다. 이처럼 이온이 서로를 끌어당기는 힘이 물속에서는 결정 내부의 약 80분의 1로 낮아집니다. 그만큼 **물속에서는 음양의 두 이온이 흩어지기 쉬워진다는 뜻이죠. 기본적으로 이온성 화합물은 물에 녹아 양이온과 음이온으로 뿔뿔이 흩어집니다.**

알칼리금속의 화합물은 모두 물에 녹습니다. 질산염 역시 모두 물에 녹습니다. 황산염은 황산바륨, 황산칼슘, 황산납 이외에는 물에 녹습니다. 탄산염은 탄산바륨, 탄산칼슘을 제외하면 물에 녹습니다. 염화물의 경우는 염화은을 제외하면 물에 녹습니다.

양이온과 음이온이 만나 침전물이 생기는 경우

제가 중학교 3학년 때, 과학 수업 중 무색투명한 액체가 든 두 시험관 속의 액체를 섞었더니

116

순식간에 뿌옇게 흐려지는 실험을 한 적이 있습니다. 분명 탄산칼슘의 침전물이 생겨나는 실험이었을 겁니다.

예를 들어 탄산소듐과 질산칼슘도 물에 녹아 무색투명한 수용액이 됩니다. 각각 소듐 이온과 탄산 이온, 칼슘 이온과 질산 이온이 함유되어 있죠. 이 둘을 섞으면 소듐 이온과 질산 이온, 탄산 이온과 칼슘 이온이라는 새로운 조합이 생겨납니다. 질산소듐은 물에 녹는 물질이므로 소듐 이온과 질산 이온이 만나더라도 이온은 여전히 뿔뿔이 흩어진 상태입니다.

반면 탄산 이온과 칼슘 이온 사이에서는 물에 녹지 않는 탄산칼슘이 생겨나 흰색의 침전물이 생겨나게 되죠.

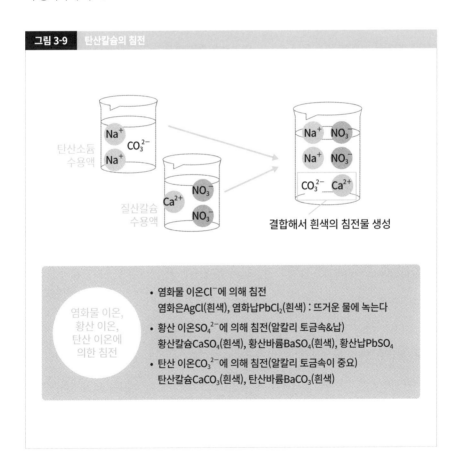

그림 3-9 　탄산칼슘의 침전

탄산소듐
수용액

Na^+　CO_3^{2-}
Na^+

질산칼슘
수용액

Ca^{2+}　NO_3^-
NO_3^-

Na^+　NO_3^-
Na^+　NO_3^-
CO_3^{2-}　Ca^{2+}

결합해서 흰색의 침전물 생성

염화물 이온,
황산 이온,
탄산 이온에
의한 침전

- 염화물 이온Cl^-에 의해 침전
  염화은$AgCl$(흰색), 염화납$PbCl_2$(흰색) : 뜨거운 물에 녹는다
- 황산 이온SO_4^{2-}에 의해 침전(알칼리 토금속&납)
  황산칼슘$CaSO_4$(흰색), 황산바륨$BaSO_4$(흰색), 황산납$PbSO_4$
- 탄산 이온CO_3^{2-}에 의해 침전(알칼리 토금속이 중요)
  탄산칼슘$CaCO_3$(흰색), 탄산바륨$BaCO_3$(흰색)

알칼리 금속과 알칼리 토금속의 수산화물은 강염기

초등학교, 중학교 수업에서는 리트머스 시험지를 사용해서 수용액이 산성인지 알칼리성인지를 나눌 수 있다고 배웁니다. 고등학교부터는 일반적으로 염기라는 용어를 사용합니다. **염기는 화학적으로는 산과 반대되는 물질로, 산과 중화되어 염과 물을 만들어냅니다**(물을 만들어내지 않는 경우도 있음). 염기(base)는 염의 기본(base of salt)이라는 뜻으로, 산과 중화되어 염을 형성하는 물질이라는 의미입니다.

알칼리란 본래 육상 식물의 재(주성분 K_2CO_3) 및 바다 식물의 재(주성분 Na_2CO_3)를 한데 묶어서 아랍인이 붙인 이름입니다. 여기서 말하는 칼리(kali)는 재를 뜻하죠. 일반적으로 '염기 중 물에 잘 녹는 물질[$NaOH$, KOH, $Ca(OH)_2$ 등]을 알칼리라고 부릅니다. 알칼리 금속의 탄산염과 암모니아도 알칼리라고 불립니다. '물에 잘 녹는 염기가 알칼리'인데, 특히 알칼리 금속과 알칼리 토금속의 수산화물은 강염기(강알칼리)입니다.

화학을 공부하려면 강염기로 수산화소듐, 수산화포타슘, 수산화칼슘은 기억해두세요. 마찬가지로 기억해야 하는 강산으로는 염산 HCl, 황산 H_2SO_4, 질산 HNO_3이 있습니다.

산과 염기가 중화되면 물과 염이 생겨난다

산과 염기를 반응시키면 서로의 성질을 상쇄시킵니다. 이 현상을 중화라고 부르죠. 산성의 원인인 수소 이온 H^+과 염기성의 원인인 수산화물 이온 OH^- 모두가 사라지게끔 반응하기 때문에 두 성질이 모두 사라지고 맙니다. 염산과 수산화소듐이 중화반응을 일으키면 물과 염화소듐 $NaCl$이라는 염이 생겨납니다.

$$HCl + NaOH \rightarrow H_2O + NaCl$$

산의 종류와 알칼리의 종류가 다르면 생성되는 염도 달라집니다. 예를 들어 염산 HCl과 수산화칼슘 $Ca(OH)_2$이 반응하면 염화칼슘 $CaCl_2$, 황산 H_2SO_4과 수산화 소듐 $NaOH$이 반응하면 황산소듐 Na_2SO_4이라는 염이 생겨나죠.

$$H^+ \quad Cl^- \qquad 산 \;+\; 염기 \;\to\; 물 \;+\; 염$$

$$Na^+ \quad OH^- \qquad HCl \;+\; NaOH \;\to\; H_2O \;+\; NaCl$$

$$\downarrow \qquad \downarrow \qquad 염은\ 염기의\ 양이온과\ 산의\ 음이온이\ 결합한\ 물질$$

$$NaCl \qquad H_2O$$

전이 원소의 이온

1족, 2족과 13~18족 전형 원소의 경우, 족이 같은 원소들은 가장 바깥 껍질의 전자 수가 동일하기 때문에 화학적 성질이 무척 비슷합니다. 반면 **전이 원소는 족이 같은 원소라도 가장 바깥 껍질의 전자의 개수에 규칙성이 없으며, 족보다도 주기가 같은 원소들이 화학적으로는 성질이 유사하다는 특징**이 있습니다. **전이 원소는 모두 금속 원소로, 가장 바깥 껍질의 전자는 대부분 1개 혹은 2개이며 안쪽에는 전자가 채워져 있지 않은 부분이 있으므로 가수(價數)가 다른 이온이 존재합니다.**

예를 들어 철에는 2가와 3가 이온, 구리에는 1가와 2가 이온이 있습니다. Fe^{2+}는 철(Ⅱ) 이온, Fe^{3+}는 철(Ⅲ) 이온, Cu^+는 구리(Ⅰ) 이온, Cu^{2+}는 구리(Ⅱ) 이온이라는 식으로 로마 숫자로 구별합니다.

　　　　FeO ⋯ 산화철(Ⅱ)

　　　　Fe_2O_3 ⋯ 산화철(Ⅲ)

철의 산화물로는 사산화삼철Fe_3O_4이 있는데, 이는 산화철(Ⅱ)과 산화철(Ⅲ)이 합쳐진 것으로 생각됩니다. 철솜을 풀어헤쳐서 불을 붙이면 파지직, 파지직 하고 타오르죠. 이때 생겨나는 물질은 주로 산화철(Ⅲ)Fe_2O_3입니다. 산화철(Ⅱ)FeO이나 사산화삼철Fe_3O_4 등도 섞여 있을 것으로 보입니다.

금속의 반응성(이온화 경향)

1족의 알칼리 금속이나 2족의 알칼리 토금속은 가장 바깥 껍질의 전자가 빠져나가서 양이온으로 변하기 쉽습니다. 금속마다 반응성에 차이가 있습니다. 예를 들어 알루미늄이나 아연은 묽은 염산이나 묽은 황산에 넣으면 수소를 발생시키며 녹아내리죠. 하지만 구리, 은이나 금은 묽은 염산과 묽은 황산에 녹지 않습니다.

금속의 홑원소 물질에는 물이나 수용액과 접촉하면 다른 원자 등에 전자를 건네주고 자기 자신은 양이온이 되려는 경향(이온화 경향)이 있습니다. 이러한 경향은 금속마다 다른데, 이온화 경향이 큰 쪽부터 순서대로 배열한 것을 이온화 서열이라고 합니다.

〈그림 3-10〉은 주된 금속의 이온화 서열입니다. 수소는 금속은 아니지만 양이온이 되므로 비교를 위해 이온화 서열에 넣어두었습니다. 이러한 **이온화 서열에서 왼쪽과 가까운 원자일수록 양이온이 되기 쉽다, 다시 말해 전자를 잃기 쉽다**(상대에게 전자를 건네주기 쉽다)고 보시면 됩니다.

이온화 서열은 어느 금속 원자가 더 전자를 잃기 쉬운지를 나타낸 순서이기도 하며, 어떤 금속 홑원소 물질이 화학적으로 더 잘 반응하는지를 나타낸 순서이기도 합니다. 이 순서는 용액의 종류나 농도, 금속 표면의 상태에 따라 달라지는 경우가 있습니다.

금속을 이용한 역사

금속을 이용한 역사는 그 금속을 광석에서 추출해내는 난이도와 크게 관련이 있습니다. 자연금, 자연은, 자연구리처럼 홑원소 물질이 그대로 산출되기도 하지만 금속은 대부분 산화물, 황화물 형태로 산출됩니다.

이들 화합물이 강하게 결합되어 있을수록 광물에서 금속을 추출하기 어려워집니다. 금, 은, 수은, 구리, 철이 오래전부터 널리 알려져 있었고, 이어서 납, 주석, 그리고 이후에 아연이 추출된 이유는 결합력의 차이 때문이죠.

다시 말해 고대부터 알려진 금속은 이온화 경향이 약한 금속인 셈입니다. 이온화 경향이 약

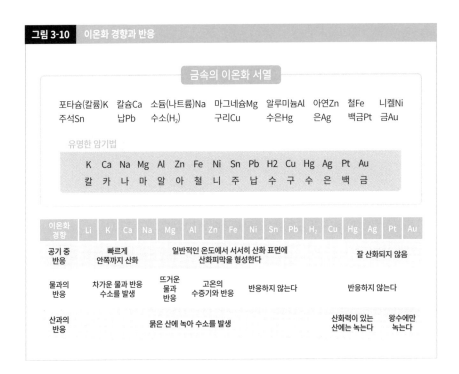

그림 3-10 이온화 경향과 반응

금속의 이온화 서열

포타슘(칼륨)K 칼슘Ca 소듐(나트륨)Na 마그네슘Mg 알루미늄Al 아연Zn 철Fe 니켈Ni
주석Sn 납Pb 수소(H₂) 구리Cu 수은Hg 은Ag 백금Pt 금Au

유명한 암기법

K	Ca	Na	Mg	Al	Zn	Fe	Ni	Sn	Pb	H2	Cu	Hg	Ag	Pt	Au
칼	카	나	마	알	아	철	니	주	납	수	구	수	은	백	금

이온화 경향	Li	K	Ca	Na	Mg	Al	Zn	Fe	Ni	Sn	Pb	H₂	Cu	Hg	Ag	Pt	Au
공기 중 반응		빠르게 안쪽까지 산화			일반적인 온도에서 서서히 산화 표면에 산화피막을 형성한다										잘 산화되지 않음		
물과의 반응		차가운 물과 반응 수소를 발생			뜨거운 물과 반응	고온의 수증기와 반응		반응하지 않는다							반응하지 않는다		
산과의 반응			묽은 산에 녹아 수소를 발생												산화력이 있는 산에는 녹는다	왕수에만 녹는다	

하면 홑원소 물질로 존재하기 쉽고, 화합물의 경우는 이온에서 원자로 돌아가기 쉽기 때문에 홑원소 물질로 추출하기도 쉬운 것이죠.

알루미늄은 이온화 경향이 강해 알루미늄 이온으로 존재하며, 심지어 산소 이온(산화물 이온)과 강하게 결합되어 있기 때문에 추출하기가 어려웠습니다. 그렇다 보니 알루미늄은 19세기 후반에 이르러서야 대량생산이 시작되었습니다.

비금속 원소는 공유 결합을 통해 분자가 된다

화학 결합은 단 세 종류

주기율표에서 각각의 원자가 금속 원소인지 비금속 원자인지를 살펴봅시다.

18족인 비활성 기체는 자기 자신은 물론 다른 원자와도 결합하지 않으니 화학 결합을 생각할 때는 넘어가도록 합시다. 다만 모든 원소는 비활성 기체와 동일한 전자배치를 따르려 한다는 사실만큼은 기억하세요. 이미 배운 이온 결합은 금속 원소와 비금속 원소의 결합으로 생겨납니다. 금속 원소의 원자가 양이온, 비금속 원소의 원자가 음이온으로 변하고 서로를 쿨롱 힘으로 끌어당겨서 결정을 형성하죠.

화학 결합에는 이온 결합 외에도 비금속 원소와 비금속 원소가 결합하는 공유 결합과 금속 원소의 원자끼리만 결합하는 금속 결합이 있습니다. **화학 결합은 크게 이온 결합, 공유 결합, 금속 결합의 세 가지**로 나뉩니다.

수소 분자는 수소 원자 2개가 각각 전자를 공유

2개의 수소 원자가 각각 1개씩 받아들여서 총 2개의 전자를 공유해 수소 분자를 형성하는데, 이때 각 수소 원자의 전자배치는 헬륨과 같습니다. 이것이 바로 공유 결합입니다.

공유 결합을 이해하기 위한 전자쌍과 홀전자

전자에는 스핀이라는 성질이 있습니다. 이 내용은 무척 어려우므로 결론만 머릿속으로 그려보겠습니다. 다른 전자껍질의 각 궤도도 마찬가지지만 여기서는 화학 결합과 관련된 가장 바

깔 껍질의 궤도를 살펴보겠습니다. 궤도는 8개(옥텟)로 매우 안정적입니다.

전자가 8개까지 들어가는 궤도는 전자쌍이 들어가는 4개의 작은 방으로 이루어져 있습니다. 전자쌍이란 짝을 이룬 2개의 전자(스핀이 다른 전자의 짝)입니다. 이 방에 전자가 하나뿐이라면 그 전자는 홀전자가 됩니다. 전자가 방으로 들어가는 데에는 방식이 있습니다. 느낌상으로는 가능한 한 고립되려는 형태로 들어가죠.

여기서는 비금속 원소인 탄소C(가장 바깥 껍질 4개, 이하 개수만), 질소N(5개), 산소O(6개), 염소Cl(7개), 네온Ne(8개), 아르곤Ar(8개)을 살펴보겠습니다.

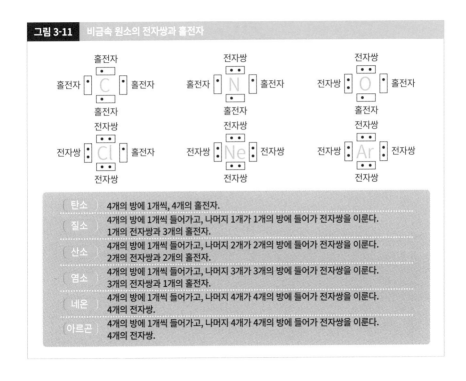

그림 3-11 비금속 원소의 전자쌍과 홀전자

탄소	4개의 방에 1개씩, 4개의 홀전자.
질소	4개의 방에 1개씩 들어가고, 나머지 1개가 1개의 방에 들어가 전자쌍을 이룬다. 1개의 전자쌍과 3개의 홀전자.
산소	4개의 방에 1개씩 들어가고, 나머지 2개가 2개의 방에 들어가 전자쌍을 이룬다. 2개의 전자쌍과 2개의 홀전자.
염소	4개의 방에 1개씩 들어가고, 나머지 3개가 3개의 방에 들어가 전자쌍을 이룬다. 3개의 전자쌍과 1개의 홀전자.
네온	4개의 방에 1개씩 들어가고, 나머지 4개가 4개의 방에 들어가 전자쌍을 이룬다. 4개의 전자쌍.
아르곤	4개의 방에 1개씩 들어가고, 나머지 4개가 4개의 방에 들어가 전자쌍을 이룬다. 4개의 전자쌍.

염소 분자, 이산화탄소 분자, 질소 분자, 물 분자

[염소 분자]

1개의 염소 원자는 홀전자 1개를 가집니다. 2개의 염소 원자는 서로 홀전자를 하나씩 꺼내고,

여기서 만들어진 전자쌍(공유 전자쌍)을 공유합니다.

이때 염소 분자 내부의 각 염소 원자는 공유 전자쌍을 각자 자신의 몫으로 계산하기 때문에 전자의 개수는 총 8개가 되면서 안정적인 상태를 이룹니다. 공유 전자쌍을 하나 공유하는 결합을 단일 결합이라고 부르며, **원소기호 사이에 선 하나를 그어서 나타냅니다.** 이러한 식을 구조식이라고 부릅니다.

[이산화탄소 분자]

탄소 원자의 경우 가장 바깥 껍질의 전자는 4개의 홀전자입니다. 산소 원자의 가장 바깥 껍질의 전자는 2쌍의 공유 전자쌍과 2개의 홀전자입니다. 탄소 원자와 산소 원자의 결합은 2회로, 각각 C와 O가 홀전자를 2개씩 꺼내 2개의 전자쌍을 만들어서 공유합니다.

이처럼 2쌍의 공유 전자쌍을 공유하는 결합을 이중 결합이라 부르며, **원소기호 사이에 선을 2줄 그어서 나타냅니다.**

[질소 분자]

1개의 질소 원자는 홀전자 3개를 가집니다. 2개의 질소 원자는 서로 홀전자를 3개씩 꺼내 만들어진 3쌍의 공유 전자쌍을 공유합니다.

이때 질소 분자 안의 각 질소 원자는 공유 전자쌍을 포함해서 총 8개의 전자를 갖게 되므로 안정을 이룹니다. 3쌍의 공유 전자쌍을 공유하는 결합을 삼중 결합이라 부르며, **원소기호 사이에 선을 3줄 그어서 나타냅니다.**

[물 분자]

산소 원자의 경우 가장 바깥 껍질의 전자는 2쌍의 전자쌍과 2개의 홀전자입니다. 수소 원자의 가장 바깥 껍질의 전자는 1개의 홀전자입니다. 산소 원자와 수소 원자간의 결합은 2회로, 각각 O와 H가 홀전자를 하나씩 꺼내서 하나의 공유 전자쌍을 공유합니다.

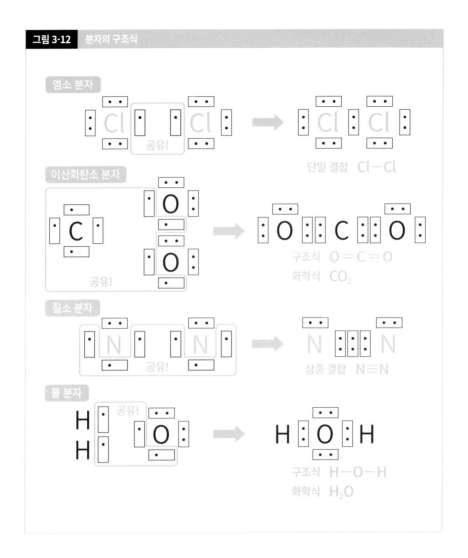

그림 3-12   분자의 구조식

염소 분자

공유!

단일 결합   Cl—Cl

이산화탄소 분자

공유!

구조식   O=C=O

화학식 CO_2

질소 분자

공유!

삼중 결합   N≡N

물 분자

공유!

H:O:H

구조식   H—O—H

화학식 H_2O

    참고로 '산소 분자를 이중 결합의 예로 들면 좋을 텐데…'라고 생각하는 분도 계실 텐데요. 고등학교 화학 교과서에서는 이중 결합의 예로 산소 분자 대신 이산화탄소 분자를 사용하고 있습니다. 그 이유는 산소 분자가 지닌 상자성(常磁性, 자석에 끌리는 성질)으로 인해 가장 바깥 껍질의 전자에는 반드시 홀전자가 있어야만 하기 때문입니다. 그런데 O=O의 전자식에는 홀 전자가 존재하지 않습니다.

참고로 이 항목은 어려우므로 건너뛰어도 상관없습니다.

여기서는 물 분자의 형태에 대해 알아보려 합니다. 물 분자의 중심은 산소 원자입니다. 중심 원자 주변에는 공유 전자쌍과 비공유 전자쌍(고립된 전자쌍)이 존재하죠. 이 부분은 전자의 밀도가 높습니다. 전자의 밀도가 높은 부분들은 각각 음전기를 띠므로 서로를 밀어냅니다. 반발력을 최소화하기 위해 원자는 서로 간에 멀어지게끔 배치됩니다.

전자쌍의 반발력 세기는 다음과 같습니다.

비공유 전자쌍 간의 반발력 > 비공유 전자쌍과 공유 전자쌍의 반발력 > 공유 전자쌍 간의 반발력

여기서 이산화탄소 분자가 직선형인 이유를 생각해볼까요. 물 분자 안의 산소 원자에는 두 쌍의 비공유 전자쌍과 두 쌍의 공유 전자쌍이 있습니다.

좀 더 이해하기 쉽게 메테인 분자CH_4를 예로 들자면 중심의 탄소 원자에 4개의 공유 전자쌍이 있습니다. 서로의 반발력은 동일하므로 메테인은 정사면체의 중심에 탄소 원자가 배치되고, H-C-H의 결합각은 109.5도가 됩니다.

그런데 물 분자의 경우는 비공유 전자쌍과 공유 전자쌍을 모두 갖고 있습니다. 산소 원자 주변에 이 4개를 배치해보겠습니다. 입체적으로 상상해보면 메테인 분자처럼 산소 원자가 중심인 사면체가 머릿속에 떠오르네요. 전자의 밀도가 높은 네 구역이 있으니 사면체가 되겠죠. 이들 네 구역 사이의 반발력이 동일하다면 각도는 109.5도가 되어야 하겠지만 비공유 전자쌍 둘 사이의 반발력이 더 강하므로 공유 전자쌍 쪽의 결합각이 좁아집니다. 실제로 H-O-H의 결합각은 104.5입니다.

이산화탄소 분자 내부의 탄소 원자는 두 산소 원자 사이에 각각 2쌍의 공유 전자쌍이 있을 뿐이니 각 공유 전자쌍이 가능한 한 멀어지게끔 배치됩니다. 그러면 탄소 원자의 왼쪽에 공유

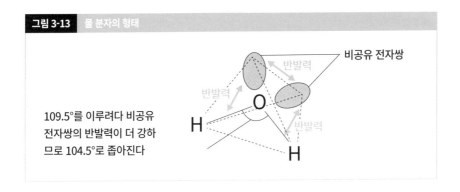

그림 3-13 　물 분자의 형태

비공유 전자쌍

반발력

반발력

O

반발력

109.5°를 이루려다 비공유
전자쌍의 반발력이 더 강하
므로 104.5°로 좁아진다

H

H

전자쌍 2쌍이 있으면 나머지 공유 전자쌍 2쌍은 가장 멀리 떨어진 맞은편 오른쪽에 배치되어
야 하겠죠. **이산화탄소 분자가 직선형**인 까닭입니다.

분자로 이루어진 물질은 분자성 물질, 고체는 분자 결정

분자성 물질은 20°C의 온도에서 기체, 액체, 고체인 물질이 있습니다. 기체의 경우는 **공기 중
에 질소 분자, 산소 분자, 아르곤 분자(1개의 원자가 분자를 이룸), 이산화탄소 분자, 건조한 공기
가 아니라면 물 분자(수증기)가 사방으로 휙휙 날아다니고 있죠.**

　부엌에서는 도시가스가 주로 메테인 분자, 프로페인가스가 프로페인 분자로 이루어져 있습
니다. 액체로는 물 분자, 에탄올, 각종 식용유, 고체로는 버터나 마가린에 포함된 지방, MSG
조미료(아미노산), 설탕(수크로스) 등이 있죠. 드라이아이스는 고체 형태의 이산화탄소입니다.

　액체나 고체로 된 분자성 물질은 분자들이 분자간 힘이라는 힘으로 결합되어 있습니다. 분
자간 힘은 쿨롱 힘보다 약하기 때문에 액체는 쉽게 기체로 변하는 경우가 많습니다. 고체는 쉽
게 액체로 변하거나, 액체를 거치지 않고 기체로 변하기도 합니다.

금속 원소끼리 결합하는 금속 결합

금속의 특징은 자유전자의 작용

금속은 금속 광택을 띠고 열과 전기를 잘 전달하며 연성과 전성을 지닌다는 특징이 있습니다. 이러한 특징은 **금속 원자의 원자핵 주변에 존재하는 전자 중 특정한 원자에 속하지 않고 자유롭게 움직이는 자유전자의 작용에 따른 결과**입니다. 금속 원자가 모이면 궤도가 겹쳐서 전자가 공유됩니다. 하지만 원자핵이 전자를 끌어당기는 힘이 약하기 때문에 전자 중에는 여러 원자 사이를 자유롭게 이동하는 자유전자가 존재하죠. 이와 같은 금속 원소의 원자간 화학 결합을 가리켜 금속 결합이라고 합니다.

금속 표면에 도달한 빛은 자유전자가 한 번 흡수한 뒤 거의 모두 방출, 다시 말해 대부분의 빛을 반사하기 때문에 금속은 광택을 띠게 됩니다. 그리고 금속이 전기가 잘 통하는 이유는 전압을 걸면 자유전자가 −극에서 +극으로 이동하기 때문이죠. 금속이 연성과 전성을 띠는 이유는 자유전자가 풀처럼 금속 원자와 금속 원자 사이를 붙여주고 있기 때문입니다. 따라서 위치가 달라지더라도 결합 자체는 끊어지지 않은 채 변형이 가능하죠. 25℃에서 액체 상태인 금속은 수은뿐이며 나머지는 모두 고체입니다.

그림 3-14 금속 결합

자유전자가 된 전자가 빠져나간 금속 원자는 양이온으로 변해 있다. 자유전자는 이 양이온을 '풀'처럼 붙여준다. 힘을 주면 주먹밥의 밥알처럼 딱 달라붙은 채 이동하므로 연성, 전성을 띤다. 전압을 걸면 자유전자가 움직여서 전류가 흐른다.

세상의 물질은 크게 세 가지로 나뉜다

이온성 화합물, 분자성 화합물, 금속이라는 3대 물질

세상의 물질을 아주 대략적으로 분류하자면 이온성 화합물, 분자성 화합물, 금속, 3대 물질로 나뉩니다.

이온성 화합물은 금속 원소와 비금속 원소의 결합으로 생겨납니다. **금속 원자가 양이온으로 변하고 비금속 원자가 음이온으로 변해서 결합하죠.**

반면 분자성 화합물은 비금속 원소 간의 결합으로 생겨납니다. 금속은 금속 원소(한 종류인 경우, 두 종류 이상인 경우 모두)의 원자가 금속 결합으로 결합하면서 생겨납니다. 고체는 금속 결정입니다. 부엌에 있는 물질 중 이온성 화합물로는 소금, 분자성 화합물로는 설탕이 각각 대표적입니다.

> **소금류** … 높은 온도로 가열하더라도 좀처럼 녹지 않으나 물에는 쉽게 녹는다. 수용액을 가열해 물을 증발시키면 나타난다.
>
> **설탕류** … 대체로 300℃ 이하에서 분해(탄화)되며 그 뒤로는 타오른다. 설탕은 물에 잘 녹지만 기름처럼 물에 녹지 않는 것도 많다.

[이온성 화합물]

이온성 화합물은 양이온과 음이온이 이온 결합을 통해 생겨나는 물질입니다. 녹는점이 높아서 상온에서는 고체(결정) 상태이므로 이온 결정이라고도 부릅니다. 이온은 양전하 혹은 음전하(전기의 양)를 지닌 원자나 원자단입니다. 예를 들어 염화소듐은 소듐 이온이라는 양이온과 염화물 이온이라는 음이온의 이온 결합을 통해 생겨난 물질입니다. **염화소듐, 수산화소듐, 황산소듐, 탄산칼슘 등이 이온성 화합물입니다.**

[분자성 화합물]

분자성 화합물은 분자로 이루어진 물질입니다. 분자는 원자의 공유 결합을 통해 만들어집니다. 상온에서 기체 상태, 액체 상태, 고체 상태까지 모든 형태로 존재합니다. 액체나 고체는 분자간 힘에 의해 분자가 집합하면서 생겨납니다. 고체의 경우는 분자 결정이라고도 합니다. 분자간 힘은 약한 힘이기 때문에 고체의 녹는점이 높지 않은 경우가 많아서 가열하면 잘 녹습니다. **기체로는 수소, 산소, 질소, 염소, 이산화탄소 등, 액체로는 물, 에탄올 등, 고체로는 수크로스**(설탕의 주성분) **등이 있습니다.**

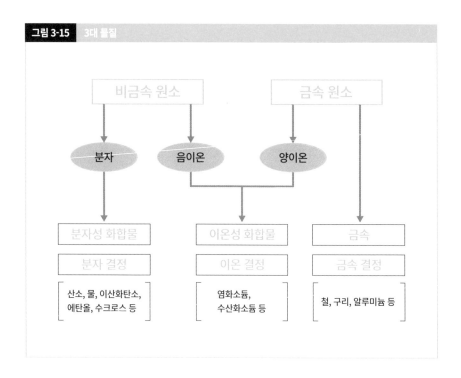

그림 3-15 3대 물질

[금속]

다수의 금속 원자가 금속 결합을 통해 생겨납니다. 금속 결합은 강한 것부터 약한 것까지 폭넓게 존재하므로 녹는점의 폭도 넓습니다. 녹는점이 가장 낮은 금속은 수은으로 –39℃, 가장 높은 금속은 텅스텐으로 3422℃입니다.

3대 물질을 넘어서 5대 물질로

3대 물질에 무기 고분자와 유기 고분자를 더해 5개로 나누는 경우도 있습니다. 유기 고분자는 7장에서 다시 자세히 설명하겠습니다.

무기 고분자는 흑연, 다이아몬드(녹는점 3550℃), 이산화규소 등 소수입니다. 이들의 덩어리는 **각 원자들의 공유 결합을 통해 생겨난 하나의 거대한 분자라고도 볼 수 있죠.**

예를 들어 흑연과 다이아몬드는 탄소 원자만으로 이루어져 있지만 다이아몬드의 경우는 반드시 하나의 원자가 주변의 원자 4개와 공유 결합으로 강하게 연결됩니다. 반면에 흑연은 가로로는 다이아몬드보다 강한 공유 결합으로 이어져 있지만, 세로의 경우는 분자간 힘이라는 약한 힘으로 이어져 있기 때문에 힘을 주면 얇은 판 형태로 떨어지고 맙니다. 흑연이 함유된 연필심을 종이에 누르면 글자가 써지는 이유는 바로 이 성질 때문입니다. 다이아몬드는 천연 물질 중에서는 가장 단단하지만 부서지기 쉽습니다. 각도에 따라서 쉽게 깨지기도 하고, 닳기도 하므로 다이아몬드는 깎아 내거나 갈아서 사용합니다. 고정해놓고 내려치면 잘게 부서지고 말죠.

암석, 모래는 이산화규소SiO_2로 이루어져 있습니다. 지구의 지각을 형성하는 암석의 주성분이 바로 규소와 산소입니다. 이산화규소로 이루어진 대표적인 광물은 석영입니다. 그중에서도 아름다운 결정형을 띤 석영은 수정이라는 이름으로 불리기도 합니다.

다이아몬드나 이산화규소 등의 고체는 공유 결합 결정이라고 합니다. **공유 결합은 무척 강한 결합이므로, 공유 결합 결정은 녹는점이 대단히 높습니다.**

우리에게 친숙하지만 무척이나 특이한 성질을 지닌 물

물은 극성분자

원자가 공유 전자쌍을 끌어당기는 힘의 크기를 전기음성도라고 합니다.

 그중에서도 전기음성도가 큰 원자는 플루오린 원자F, 산소 원자O, 질소 원자N입니다. 이러한 원자가 수소 원자처럼 전기음성도가 작은 원자와 결합하면 전자는 전기음성도가 큰 쪽으로 끌려가면서 전기적으로 치우침이 생겨납니다. 물 분자 H-O-H 간의 결합은 104.5도의 각도를 이루고 있으므로 전체적으로 보면 전기적으로 치우쳐 있습니다. 이러한 분자를 극성 분자라고 합니다.

수소 결합은 어떤 결합일까?

보통 분자가 서로를 끌어당기는 분자간 힘은 **판데르발스 힘**이라고 불립니다. 물 분자 사이에는 이보다 강한 힘이 작용합니다. 그 힘이 바로 수소 결합입니다.

 수소 결합은 수소 원자보다 전기적으로 음성인 원자 X와 Y(질소, 산소, 플루오린 등)가 수소 원자를 통해 약하게 연결되는 결합 X-H-Y를 가리킵니다. 공유 결합에 비하면 수소 결합의 세기는 1/10 정도입니다.

얼음의 구조

얼음의 결정 구조를 그림으로 살펴보면 각 물 분자는 사면체의 꼭짓점에 위치한 4개의 물 분자에 둘러싸여 있습니다. 서로의 물 분자는 수소 결합으로 결합되어 있죠. 이 결정을 위에서

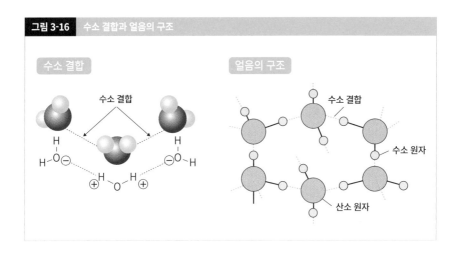

그림 3-16 수소 결합과 얼음의 구조

수소 결합

얼음의 구조

보면 물 분자는 육각형으로 배치되어 있습니다. 얼음 결정 역시 이 구조의 집합이므로 육각형을 이룹니다. 〈그림 3-16〉을 보면 **얼음은 빈틈이 많은 구조**임을 알 수 있습니다.

액체 상태의 물

액체 상태의 물에 대해서는 다음과 같은 구조를 생각해볼 수 있습니다.

물에는 부분적으로 물 분자들이 얼음처럼 수소 결합으로 연결된 집합이 무척 많습니다. 그리고 이 집합이 약 10^{-12}초 만에 파괴되면서 1개의 물 분자로 변하고, 곧이어 비슷한 시간에 또다시 새로운 물 분자의 집합이 생겨나는 역동적인 움직임이 발생합니다. 즉 **물 안에는 얼음의 구조가 강하게 남아 있는 셈이죠.** 물의 밀도는 0°C에서 $0.9998g/cm^3$입니다. 온도가 상승하면 물의 밀도도 함께 커지는데, 4°C에서는 거의 $1g/cm^3$까지 커집니다. 여기서 더 온도가 상승하면 이번에는 물의 밀도가 작아집니다.

온도 상승과 물의 밀도의 관계는 '부분적으로 얼음의 구조를 지닌 물 분자간의 빈틈을 그 집합에서 빠져나온 다른 물 분자가 채워주면서 밀도가 커진다', 그리고 '수온이 상승하면 물 분자의 열운동이 격렬해져서 팽창함에 따라 밀도가 작아진다'라는 두 가지 요인의 균형에 따라 결정됩니다.

얼음이 물에 뜨는 이유?

대부분의 물질은 고체 쪽이 더 밀도가 크므로 같은 부피라면 고체가 더 무겁습니다. 하지만 물의 경우 빈틈이 많은 구조인 얼음이 녹아서 물로 변하면 부분적으로는 얼음의 구조가 남아 있지만, 다른 물 분자가 빈틈을 메워주기 때문에 액체임에도 밀도가 더 커집니다. **물처럼 밀도가 '고체 < 액체'인 물질은 규소, 갈륨, 저마늄, 비스무트 등 한정적입니다**(이들을 비정상 액체라고 부릅니다).

또한 **물은 4℃에서 밀도가 최대치를 이룹니다.** 이는 온도가 상승하면 수소 결합이 부분적으로 끊어져서 빈틈이 많은 사면체 구조가 파괴되기 때문에 밀도가 커지는 경향과 분자의 열운동이 왕성해져서 밀도가 작아지는 경향이 중첩된 결과입니다. 얼음은 호수 등의 표면에서 생겨나 내부를 보호합니다. 따라서 얼음 속의 생물은 외부의 기온이 낮아지더라도 살아갈 수 있습니다. 만약 얼음의 밀도가 물보다 컸다면 호수나 강, 바다 밑바닥에는 얼음이 가라앉게 될 테니 북쪽 지방의 호수나 북극해는 대부분 얼음으로 메워지게 되겠죠.

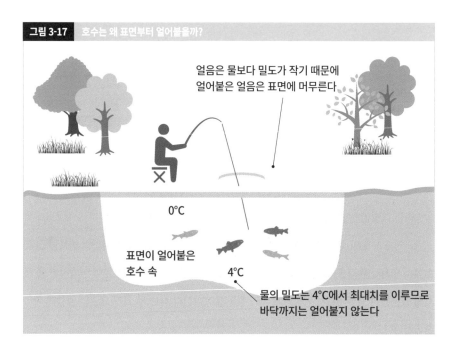

그림 3-17 호수는 왜 표면부터 얼어붙을까?

얼음은 물보다 밀도가 작기 때문에 얼어붙은 얼음은 표면에 머무른다

0℃

표면이 얼어붙은 호수 속

4℃

물의 밀도는 4℃에서 최대치를 이루므로 바닥까지는 얼어붙지 않는다

제 4 장

무기물질의
세계

제4장 요약

1장에서 물질로는 유기물과 무기물의 두 가지가 있다고 언급했습니다.

다시 한번 유기물과 무기물이라는 표현에 대해 짚고 넘어가자면, 먼저 유기물의 '유기'는 '살아 있다, 생명 활동을 한다'라는 의미입니다. '유기'를 영어로 하면 '오가닉'입니다. 즉 유기물이란 생명을 지닌 것을 가리킵니다. 설탕, 녹말, 단백질, 아세트산(식초의 성분), 에탄올 등의 알코올, 메테인, 프로페인 등 유기물질은 무척 많습니다.

반면 무기물은 물이나 암석, 금속처럼 생물의 작용을 빌리지 않고 생겨난 물질을 가리킵니다. 유기물을 제외한 모든 물질이죠. 무기물로는 금속, 탄소, 산소, 수소, 염소, 황 등의 홑원소 물질 전부, 그리고 화합물로 염류가 포함됩니다. 4장에서는 무기물질의 세계에 대해, 오른쪽 그림에 나와 있듯이 홑원소별로 설명해보겠습니다.

1	수소	H	가장 작은 원자·분자로 지구상에서는 물의 형태로 존재
2	탄소	C	생물의 주요 구성 원소로 유기화합물의 세계를 형성
3	질소	N	공기의 약 78%를 차지하는 질소
4	산소	O	여러 원소와 화합해 산화물을 형성하는 산소
5	염소	Cl	인류 최초의 독가스 무기(화학무기)로 사용된 염소
6	황	S	태우면 유독한 아황산가스(이산화황)가 발생
7	소듐(나트륨)	Na	커터칼로 쉽게 자를 수 있는 무른 금속
8	마그네슘	Mg	눈부신 빛과 함께 불타며 산화마그네슘으로 변하는 금속
9	칼슘	Ca	뼈, 치아, 껍데기 등을 형성하는 생체의 주요 성분 중 하나
10	알루미늄	Al	경금속의 대표 주자
11	철	Fe	지금도 철제 문명 시대
12	구리	Cu	철, 알루미늄에 이어 사용량 3위의 금속
13	아연	Zn	함석이나 건전지의 음극으로 쓰이는 금속

H: 가장 작은 원자·분자로
지구상에서는 물의 형태로 존재

수소는 우주에서 가장 많은 원소

높은 진공 상태인 우주 공간에서 수소는 단독 원자로서 떠다니고 있습니다. 우주의 시작으로 여겨지는 빅뱅(대폭발)에서 가장 먼저 대량으로 발생한 양성자(수소 원자핵)였죠. 38만 년 정도 지나 우주가 식기 시작했을 때, 양성자와 전자가 손을 잡으며 수소 원자가 생겨났습니다.

막대한 에너지를 내뿜는 태양은 본래 대부분 수소로 이루어져 있습니다. 수소 원자 4개가 융합해 헬륨 원자 1개가 만들어지는 핵융합 반응이 일어나고 있죠. 이때 발생하는 에너지가 태양에너지의 원천입니다.

수소가 타면 물이 된다

지구상에서 수소는 수소 분자(수소 기체)의 형태로 존재하지만 지구의 중력으로는 수소를 대기권에 잡아놓을 수 없으므로 대기 중에는 거의 존재하지 않습니다. 수소 기체는 기체 중에서 가장 가볍습니다. 또한 수소는 불에 타면 물이 됩니다. **공기 중에 수소가 4~75% 함유된 혼합 기체에 불을 붙이면 폭발적인 반응을 일으키죠.**

$$2H_2 + O_2 \rightarrow 2H_2O$$

수소는 연료전지의 연료로 주목을 받고 있는 차세대 에너지원입니다. 세계 각국이 수소를 주요 에너지원으로 삼는 수소 사회를 목표로 하고 있죠. 지구상에서는 산소와 결합된 물의 형태로 다량의 수소가 존재하고 있습니다. 액체 로켓의 연료로는 액체 수소와 액체 산소가 사용됩니다. 또한 암모니아NH_3 제조 등 화학공업의 원료로도 쓰입니다.

C: 생물의 주요 구성 원소로 유기 화합물의 세계를 형성

검은색부터 무색투명한 것까지

거의 탄소로 이루어진 것으로 예부터 널리 알려진 물질은 목탄입니다. 목재를 가마에 구워서 분해하면 목탄이 됩니다. 목탄은 무정형 탄소라 하여 뚜렷한 결정 구조를 지니고 있지 않죠. 그 외에 탄소로만 이루어진 물질(탄소 동소체)로는 결정이나 분자가 뚜렷한 다이아몬드, 흑연, 풀러렌 등이 있습니다. **새까만 목탄(가장 결정화가 진행된 것이 흑연)과 무색투명하며 세상에서 가장 단단한 다이아몬드는 전혀 닮은 구석이 없지만 태우면 모두 이산화탄소를 발생시킵니다.**

연필심으로 흑연을 사용하는 이유

다이아몬드는 굴절률이 높아 보석으로 사용될 뿐 아니라 가장 단단하다는 성질을 이용해 유리나 암석을 절단하는 데 사용됩니다. 흑연은 부드러우면서 전기가 잘 통하는 성질이 있기 때문에 전지나 전기분해의 전극, 연필심에 사용되죠.

연필심은 '흑연과 점토를 구워서 굳힌 것' 혹은 '흑연과 플라스틱을 섞어서 굳힌 것'입니다. 흑연을 심으로 사용하는 이유는 결정의 구조상 얇게 벗겨지기 쉬운 성질이 있기 때문입니다. 흑연은 공유 결합으로 결합된 탄소 원자가 육각형의 그물눈 형태로 배치되어 평면을 이루고, 이것이 첩첩이 쌓여서 만들어진 거대한 분자입니다. 각 평면은 약한 분자간 힘으로 이어져 있기 때문에 쉽게 벗겨집니다.

연필심은 흑연의 비율이 높을수록 부드러워집니다. 부드러우면서 진한 6B부터 단단하고 옅은 9H까지 다양하죠. 부드럽고 진한 순으로 6B, 5B, 4B, 3B, 2B, B, HB, F, H, 2H, 3H, 4H, 5H, 6H, 7H, 8H, 9H의 17단계로 나뉩니다. B와 H는 각각 '검다'라는 뜻의 영어 블랙(Black)과 '단단하다'라는 뜻의 영어 하드(Hard)의 앞 글자에서 따온 기호입니다. 경도가 H와 HB의 중간인 F는 '견고한'이라는 의미인 펌(Firm)에서 유래했죠.

풀러렌의 발견

'탄소는 흔해빠진 원소로 이미 모든 조사가 끝났기 때문에 다른 동소체는 없다'가 그간의 통설이었습니다. 그런데 우연치 않게 **1985년에 60개의 탄소 원자가 만들어낸 12개의 오각형과 20개의 육각형으로 이루어진, 전체적으로 축구공을 꼭 빼닮은 아름다운 구 형태의 분자가 발견되었습니다.** 사실 이 분자가 발견되기 15년 전인 1970년에 일본의 화학자 **오사와 에이지** 박사가 그 존재를 예언한 바 있습니다.

이어서 C_{70}을 비롯해 C_{76}, C_{78}, C_{84} 등 탄소 수가 큰 분자도 발견되면서 **풀러렌**이라는 총칭으로 불리게 되었죠. 구형뿐 아니라 통처럼 생긴 **탄소 나노튜브**도 존재한다는 사실이 드러났습니다. 탄소 나노튜브는 풀러렌의 일종으로 분류되기도 합니다.

현재는 분자 내부의 공간에 다른 원자를 넣는 등 물리적, 화학적 탐구는 물론 의학 분야에도 응용하기 위한 연구가 왕성하게 진행되고 있습니다.

그림 4-1 풀러렌과 탄소 나노튜브

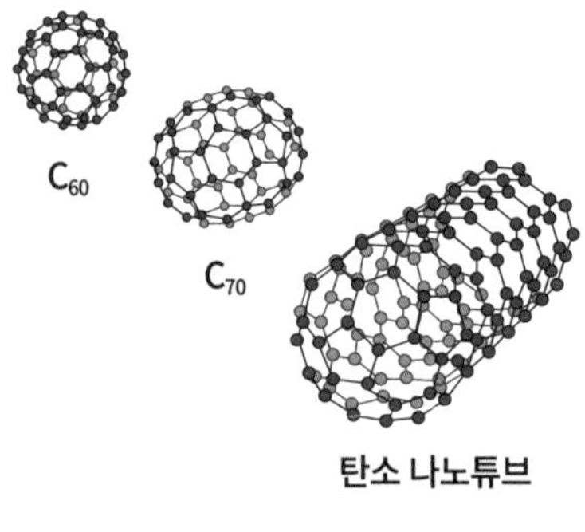

C_{60}

C_{70}

탄소 나노튜브

• C_{60}: 축구공 형태의 구체
• C_{70}: 럭비공 형태
• 탄소 나노튜브: 통 형태

탄소를 포함하는 무기 화합물

탄소나 탄소를 포함하는 화합물을 공기 중에서 연소시키면 이산화탄소가 생겨납니다. 이산화

탄소는 무색무취의 기체로, 물에 녹이면 약한 산성을 띱니다. 탄산수에는 이산화탄소가 물에 녹으면서 생겨난 약한 탄산H_2CO_3이 함유되어 있지만 탄산은 수용액으로만 존재할 수 있습니다.

또한 **이산화탄소를 석회수[수산화칼슘 수용액Ca(OH)$_2$]에 통과시키면 물에 잘 녹지 않는 탄산칼슘CaCO$_3$ 침전물이 생겨나 뿌옇게 변합니다.**

$$Ca(OH)_2 + CO_2 \rightarrow CaCO_3 + H_2O$$

고체 상태의 이산화탄소는 1기압에서는 $-79°C$에 승화해 직접 기체로 변하므로 드라이아이스라 불리며 냉각제로 사용됩니다. 드라이아이스는 이산화탄소 분자가 분자간 힘으로 결합된 분자 결정입니다.

탄소나 탄소를 포함하는 화합물이 불완전 연소를 일으키면 일산화탄소가 발생합니다. 일산화탄소는 무색무취로 혈액 속의 헤모글로빈과 강하게 결합해 혈액이 산소를 운반하지 못하게 방해하는 유독성 기체입니다.

유기 화합물의 세계

2억 종류나 되는 화합물이 존재하는 탄소는 유기 화합물의 세계를 형성하고 있습니다. 탄소는 생명체의 주요 구성 원소로 생물의 다양한 기능과 관련이 있습니다. **녹말이나 단백질, 지방은 탄소의 화합물, 다시 말해 유기 화합물입니다.**

자연계에서는 식물이 이산화탄소와 물을 원료로 광합성을 실시하고, 해저의 열수 분출공(해저 화산 등의 활동으로 지하에서 뜨거운 물과 가스가 솟아나는 구멍-옮긴이) 생태계에서는 화학 합성 박테리아가 무기질에서 유기 화합물을 만들어내고 있습니다. 이러한 유기 화합물이 생명체의 몸을 형성하고, 생활의 에너지원을 이루고 있죠.

천연 섬유나 합성 섬유, 플라스틱 역시 유기 화합물입니다. 석유, 석탄, 천연가스 등의 화석연료 역시 유기 화합물로 이루어져 있습니다. 유기 화합물을 태울 때 발생하는 이산화탄소는 온난화 물질로 문제가 되고 있습니다.

N: 공기의 약 78%를 차지하는 질소

공기에서 차지하는 비율은 78%

질소 기체N_2는 무색, 무미, 무취로 지구 대기의 약 78%를 차지합니다. 약 −196°C에서 액화하는데, 액화 질소는 냉각제로 사용됩니다. 액화 질소는 공기를 차게 식혀서 액체 공기를 만든 후, 끓는점의 차이를 이용해 액체 산소와 분리해서 추출합니다.

질소 산화물은 NOx

상온에서는 반응성이 낮은 기체지만 N_2O, NO, N_2O_3, NO_2, N_2O_5 등, 고온 등의 조건에서는 산소와 다양한 산화물을 형성합니다. 질소 산화물은 전체적으로 NOx(녹스)라 불리며 대기오염과 산성비의 원인으로 여겨지고 있죠.

일산화질소NO는 자동차의 엔진 내부처럼 공기의 온도가 높아지는 곳에서 공기 중의 질소와 산소가 반응하면서 발생합니다. 일산화질소는 무색의 기체로 물에 잘 녹지 않지만 공기 중에서 빠르게 산화해 이산화질소로 변합니다. 적갈색 기체인 이산화질소는 물에 잘 녹고 특유의 냄새가 나며 매우 유독합니다.

질소는 암모니아를 만드는 원료

그 외에 질소를 포함한 화합물로는 암모니아NH_3, 질산HNO_3, 아미노산 등이 있습니다. **암모니아는 무색에 자극적인 냄새가 나는, 공기보다 가볍고 물에 매우 잘 녹는 기체입니다. 수용액(암모니아수)은 약한 염기성(알칼리성)을 띱니다.** 1910년대에 질소와 수소에서 공업적으로 암모니아를 만들어내는 하버-보슈법이 확립되었습니다. 하버와 보슈는 철을 주성분으로 하는 촉매를 찾아내서 350기압의 고압을 버틸 수 있는 장치를 이용해 효율적으로 암모니아를 합성하는 데 성공했죠.

$$Fe(촉매)$$

$$N_2 + 3H_2 \rightarrow 2NH_3$$

암모니아에서 질산, 비료, 염료 등 많은 질소 화합물이 만들어집니다. 질산HNO_3은 강산성이면서 동시에 산화력도 있기 때문에 구리, 수은, 은 등도 녹일 수 있습니다. 공업적으로 생산되는 질산은 백금을 촉매로 암모니아와 공기(산소)에서 일산화질소를 만들어낸 후, 이를 다시 산화시켜 이산화질소로 바꾸고 물과 반응시켜서 만들어냅니다.

암모니아에서 질소비료로

식물 비료의 3대 요소는 질소, 인(인산), 포타슘(칼륨)입니다. 질소는 식물의 체내에서 단백질로 변해 세포의 원형질을 형성합니다. 식물 자신은 공기 중의 질소를 직접 흡수하지 못하기 때문에 암모늄 이온NH_4^+, 질산 이온NO_3^- 등 질소 산화물의 형태로 흡수해서 활용합니다. 20세기 초까지는 질소 화합물의 원료는 칠레초석$NaNO_3$에 의존하고 있었죠. 하지만 하버-보슈법이 공업적으로 확립되어 공기 중의 질소에서 질소 화합물을 생산할 수 있게 되면서 세계의 농업 생산량 역시 증가하게 되었습니다.

단백질은 아미노산으로 이루어져 있다

인간의 몸을 구성하는 중요 영양소로는 단백질이 있습니다. **단백질은 질소 원자가 함유된 아미노산이 다수 결합하면서 생겨난 매우 큰 분자(고분자 = 폴리머)입니다. 아미노산의 특징은 구성 원소로 탄소, 수소, 산소 외에 질소가 반드시 포함된다는 점**입니다. 황이 포함된 아미노산도 있습니다. 우리 몸의 모발, 피부, 내장이나 힘줄 등의 연조직은 모두 단백질로 이루어져 있습니다. 또한 체내의 다양한 화학반응을 진행시키는 효소 역시 단백질로 이루어져 있죠.

O: 여러 원소와 화합해 산화물을 형성하는 산소

공기의 약 21%는 산소

산소 기체O_2는 무색·무미·무취로 약간만 물에 녹습니다. 물에 녹여도 산성을 띠지 않습니다. 반응성이 뛰어나 여러 원소와 화합해 산화물을 형성하죠. 공기의 약 21%는 산소로, 대부분의 생물은 공기 중의 산소 또는 물에 녹은 산소를 체내로 받아들여 생명활동을 유지합니다.

공업적으로는 공기를 냉각시켜서 만들어낸 액체공기를 끓는점의 차이를 이용해 산소와 질소로 나눠서 제조합니다. 제철 과정에서 강철을 만들 때 가장 많이 사용되기도 하죠. 그 외에는 고온의 불꽃으로 강철 등을 절단하거나 용접할 때 쓰이는 산소 아세틸렌 토치나 의료용으로 사용됩니다. 또한 산화되기 쉬운 음식이나 곰팡이가 잘 스는 과자류에서는 탈산소제를 찾아볼 수 있습니다. 이 탈산소제는 고운 철가루로, 산소와 결합해 봉지 속의 공기에서 산소를 제거해버립니다. 따라서 산화에 따른 변질을 막아낼 수 있죠.

산소의 동소체 오존

오존O_3은 성층권(고도 10~50km)에서는 최대 1000분의 1% 정도 포함되어 있으며 오존층을 형성하고 있습니다. 오존층은 특히 생물에 유독한 자외선을 흡수해 지상의 생물을 유해한 자외선으로부터 보호하고 있죠. 최근 오존층이 얇아져서 구멍이 뚫리는 오존홀이 문제시되고 있습니다.

오존은 산소 중에서 방전을 일으키거나 산소에 자외선을 비추면 생겨납니다. 복사기 등에서 방전이 일어났을 때도 공기 중의 산소 분자에서 오존이 생겨나 오존 냄새가 나죠. 오존은 '냄새가 난다'라는 뜻의 라틴어에서 유래합니다. **오존은 산화력이 강하기 때문에 그 자체는 인체에 유해**합니다. 오존은 독특한 냄새가 나는 담청색의 유독 기체입니다.

산소는 지각에서 가장 많은 원소

산소는 물H_2O, 암석 안에서는 이산화규소SiO_2 등의 화합물로 존재하는 원소로, 지각 안에서 가장 많습니다.

비금속 원소의 산화물은 물과 반응해 옥소산(산소산)을 만들어낸다

비금속 원소의 산화물인 이산화탄소CO_2, 십산화사인P_4O_{10}, 삼산화황SO_3 등은 분자성 물질입니다. **이들은 물과 반응해 옥소산을 발생시키거나 염기와 반응해 염을 만들어내므로 산성 산화물이라 불립니다.**

$$SO_3 + H_2O \rightarrow H_2SO_4$$

옥소산(산소산)이란 **이렇게 생성된 황산H_2SO_4, 인산H_3PO_4, 탄산H_2CO_3처럼 산소를 포함한 산**을 가리킵니다. 라부아지에는 이 산들에 산소가 포함되어 있다는 이유로 산소야말로 산성의 근원이라 생각해 산소(酸素)라는 이름을 붙였죠. 이후 산성의 근원은 수소 이온H^+(정확히는 옥소늄 이온H_3O^+)임이 밝혀졌습니다.

금속 원소의 산화물은 염기성 산화물

금속 원소의 산화물인 산화소듐Na_2O이나 산화마그네슘MgO 등은 이온성 물질(이온 결정)입니다. **이러한 물질 중에는 물과 반응해 수산화물을 만들거나 물에 녹아 염기성을 띠는 것이 있습니다.** 또한 산과 반응해 염을 만들어내므로 염기성 산화물이라 불립니다.

$$Na_2O + H_2O \rightarrow 2NaOH$$

$$CaO + H_2O \rightarrow Ca(OH)_2$$

Cl: 인류 최초의 독가스 무기, 염소

할로젠의 홑원소 물질

주기율표의 17족에 속한 플루오린F, 염소Cl, 브로민Br, 아이오딘I 등의 원소를 할로젠이라고 부릅니다. **할로젠이란 그리스어로 '염을 만든다'는 의미입니다.** 실제로 할로젠은 다양한 염을 만들어내죠. 예를 들어 소듐과 화합하면 플루오린화소듐NaF, 염화소듐NaCl, 브로민화소듐 NaBr, 아이오딘화소듐NaI 등의 염이 생겨납니다. **할로젠의 홑원소 물질은 이원자 분자로, 반응성이 뛰어나기 때문에 여러 원소의 홑원소 물질과 직접 반응을 일으켜 할로젠화물을 만들어냅니다.**

할로젠의 반응성 플루오린 > 염소 > 브로민 > 아이오딘

할로젠의 홑원소 물질은 원자번호가 작을수록 반응성이 강합니다. 플루오린이나 염소는 수소와 폭발적으로 반응해 플루오린화수소HF나 염화수소HCl을 만들어내죠.

브로민화포타슘 수용액에 염소 기체를 통과시키면 브로민이 형성됩니다.

$$2KBr + Cl_2 \rightarrow 2KCl + Br_2$$

KBr과 KCl은 물속에서 K^+, Br^-, Cl^-로 이온화하므로 반응에 관여하지 않는 K^+를 양 변에서 지우고 나면 다음과 같아집니다.

$$2Br^- + Cl_2 \rightarrow 2Cl^- + Br_2$$

할로젠의 홑원소 물질은 모두 유독하다

염소는 자극적인 냄새가 나는 황록색 기체입니다. **공기 중에 겨우 0.003~0.006%만 있어도 코와 목의 점막을 손상시키고 농도가 그 이상으로 높아지면 피를 토하거나 최악의 경우 죽음에 이르게 됩니다.** 염소는 제1차 세계대전에서 독가스(화학무기)로 사용되었습니다. 수돗물이나 오염수의 살균 및 표백 등에 다량으로 이용되며, 그 외에 염산, 표백제 등 다수의 무기염소 화합물이나 유기염소 화합물(농약, 약품, 폴리염화바이닐 등)의 원료로도 널리 이용되고 있습니다. 염소를 물에 녹인 것은 염소수라고 하는데, 염소수 안에서는 일부가 물과 반응해 차아염소산(하이포아염소산)HClO을 만들어냅니다.

치약에 첨가되는 불소

치약에 첨가된 불소는 플루오린화소듐NaF나 모노플루오르인산소듐 등 플루오린의 화합물입니다. 치아의 에나멜질에 작용해 치아를 튼튼하게 해준다고 합니다.

유리를 녹이는 플루오린화수소산

플루오린화수소HF를 물에 녹여서 약 50%의 수용액으로 만든 물질은 플루오린화수소산이라고 불립니다(줄여서 불산이라고도 부름). 유리를 녹일 수 있기 때문에 과학 실험에 사용되는 유리 기구의 눈금을 새길 때는 플루오린화수소산을 이용합니다. 플루오린화수소산은 피부에 닿으면 매우 심한 통증을 유발하며 피부를 부식시키므로 주의가 필요하지만 일상생활에서는 접할 일이 없겠죠.

염소의 화합물

염화수소HCl의 수용액이 바로 염산입니다. 시판되는 진한 염산에는 약 35%의 염화수소가 함유되어 있습니다. 위액은 묽은 염산입니다. 한편 염화소듐NaCl은 소금의 주성분으로, 소듐과 염소 기체를 섞으면 직접적으로 반응을 일으켜 염화소듐이 생겨납니다. **염소를 염기(알칼**

리)와 반응시키면 차아염소산HClO의 염이 만들어집니다. 차아염소산의 염은 강한 산화력을 지녔기 때문에 표백이나 살균에 이용됩니다. 염소계 세제나 곰팡이 제거제의 주성분은 차아염소산 소듐입니다. 여기에 염산이 포함된 산성 세제를 섞으면 염소 기체가 발생해서 매우 위험하죠. 그래서 화장실, 욕실을 청소하다 사망하는 사건이 발생하곤 합니다.

S: 태우면 유독한 아황산가스가 발생

황은 냄새가 나지 않는다

황의 여러 동소체 중에서 가장 일반적인 노란색 결정은 사방황으로, 수지처럼 노란색 광택을 띠는 결정입니다. 그 외에 단사황이나 고무상황이 있습니다. 일반적으로 접하는 사방황, 그리고 단사황은 황 분자S_8로 이루어져 있습니다. 그렇다면 황의 화학식은 S_8이 되어야 맞겠지만, 관례처럼 S_8임을 알기 전의 'S'로 표기하는 경우가 많습니다. 화산의 화구 부근에서 발견되는 황은 유사 이전부터 인류와 친숙한 원소였습니다. 흔히 온천 등에서 '유황 냄새가 난다'고 하는데 정확하게 말하자면 이는 '황화수소의 냄새'로, 황 자체에서는 아무런 냄새가 나지 않습니다. 과거에는 공업용으로 화산지대에서 황을 채취했지만 현재는 탈황 기술로 석유에 함유된 황을 얻어낼 수 있기 때문에 더 이상 황을 채취하지는 않습니다.

황은 화학적으로 꽤나 활발한 원소로, 특히 고온에서 매우 높은 반응성을 보입니다. 금, 백금을 제외한 대부분의 금속과 반응해 황화물을 형성하죠. 산소, 수소, 탄소 등의 비금속과 반응해 이산화황SO_2(아황산가스), 황화수소H_2S, 이황화탄소CS_2 등을 만들어냅니다.

황은 푸른 불꽃과 함께 타오른다

황은 잘 타는 물질입니다. 불을 붙이면 푸른 불꽃과 함께 타올라 이산화황SO_2으로 변합니다. 이산화황은 아황산가스라는 별명도 있습니다. 무색의 자극적인 냄새의 유독가스죠.

이산화황이 물에 녹으면 아황산H_2SO_3이 생겨납니다. 일본에서도 관련 공해 문제가 발생한 바 있는데 욧카이치 천식 사건이 그렇습니다. 일본 미에현에서 1960~1972년에 욧카이치 공업지대에서 발생한 대기 오염으로 인해 집단적으로 천식 등의 기관지 장애나 폐에 장애가 발생한 사건입니다. 원인은 공업지대에서 황이 함유된 석유를 태우면서 발생한 이산화황이었습니다. 그러나 각지에서 공해 반대운동이 일어났고 다양한 대책이 시행되었습니다. 석유에서 미리 황을 제거하거나 배기가스에서 이산화황을 제거하는 탈황 기술 등을 통해 개선되었죠.

가스 누출을 미리 알 수 있게끔 사용되는 부취제는 황 화합물

마늘, 양파, 무, 양배추 등의 독특한 냄새나 자극적인 냄새의 원인은 황 화합물입니다. 가스가 누출되었을 때 바로 알아차릴 수 있게끔 가스에 일부러 배합하는 악취 화합물 역시 황 화합물이죠. 도시가스(주성분은 메테인CH_4), 프로페인가스(주성분은 프로페인C_3H_8) 등에는 누출을 쉽게 알아차릴 수 있도록 냄새가 심한 물질이 첨가되어 있습니다. 한국은 도시가스에 터셔리부틸머캅탄(TBM) 외에 테트라하이드로티오펜(THT), 황화이메틸(DMS), 에틸머캅탄(EM), 황화메틸에틸(MES) 등을 사용합니다.

황의 화합물

황화수소H_2S는 황화철(Ⅱ)에 묽은 황산을 첨가하면 발생합니다. 황화수소는 물에 잘 녹으며 공기보다 무거운 기체입니다. 무색에 특유의 악취(썩은 달걀 냄새)가 나며 유독성이죠. 은은 황화수소와 만나면 검은색 황화은으로 변합니다.

황산H_2SO_4이 약 98% 포함된 진한 황산은 무색에 끈기가 있는 불휘발성 액체로, 흡습성이 뛰어나 건조제로 사용됩니다. 진한 황산은 열을 가하면 강력한 산화작용이 생겨나므로 구리나 은을 녹입니다. 또한 탈수작용이 있어서 유기 화합물에서 물의 형태로 수소와 산소를 빼앗습니다. 진한 황산을 물로 희석시키면 다량의 열을 발생시키며 묽은 황산으로 변합니다. 이산화황이 산화되면서 발생하는 삼산화황이 물에 녹으면 황산이 생기죠.

Na: 커터칼로 쉽게 자를 수 있는 무른 금속

알칼리 금속(1족의 Li 이하)의 대표

은백색 금속인 소듐(나트륨)은 밀도가 작아 부드러우면서 녹는점이 낮다는 특징이 있습니다. 반응성이 뛰어나 물과 강한 반응을 일으켜 수소를 발생시키고 수산화물을 만들어냅니다. 수산화물은 강한 염기성(알칼리성)입니다. 소듐 알갱이를 물에 넣으면 강한 반응을 일으켜 수면을 이리저리 튀어 다니고, 포타슘 알갱이를 물에 넣으면 불이 붙어서 보라색 불꽃과 함께 타오릅니다.

$$2Na + 2H_2O \rightarrow 2NaOH + H_2$$

알칼리 금속은 물과 산소를 차단하기 위해 등유에 넣어서 보관합니다. 알칼리 금속의 화합물을 무색의 불꽃에 넣어서 가열하면 불꽃 반응을 확인할 수 있죠. **리튬은 빨간색, 소듐은 노란색, 포타슘은 보라색**입니다.

고등학생 때 선생님이 등유가 날아가서 표면이 딱딱해진 큼직한 소듐 막대기 몇 개를 병을 버리라며 건네준 적이 있습니다. 다리 위에서 교정에 흐르는 강을 향해 작은 소듐 덩어리를 던지자 폭발하며 물기둥이 생겨났고, 이어서 큰 덩어리를 던지자 훨씬 더 큰 물기둥이 솟아올랐죠. 그때 강물에 수산화소듐이 들어간 것이나 마찬가지였을 텐데, 물고기가 떠오르지는 않았으니 다행히 물고기는 살지 않았나 봅니다.

발길을 붙들었던 『Mad Science』 속 실험 사진

미국에서 열린 과학 교육 연구 대회에 참가했을 때, 과학 교재가 전시된 부스를 구경하고 다니던 저는 시어도어 그레이가 쓴 『Mad Science』라는 큼직한 책에 시선이 꽂혔습니다. 책장을 넘기는데 양면으로 인쇄된 신기한 사진이 눈에 들어왔죠. 반응 용기로 보이는 것에서 하얀 연기가 피어오르고 있더군요. 그 하얀 연기 위로는 나일론 그물에 든 팝콘이 매달려 있었습니다. 가스는 파이프를 따라 반응 용기로 향하고 있었고요. 파이프는 '염소'라고 쓰인 가스봄베와 연결되어 있었습니다. 이 실험의 제목은 '너무 위험한 소금 만들기'였습니다. 염화소듐을 만들어서 팝콘에 짠 맛을 더하는 실험이었던 것입니다. 반응 용기에 무엇이 들어 있는지는 보이지 않았지만 아마도 금속 소듐 덩어리였겠죠. 여기에 염소 기체를 뿌리면 강하게 반응하며 염화소듐이 생겨납니다. 그 사진은 바로 염화소듐이 타오르는 사진이었습니다.

우리에게 친숙한 소듐 화합물은 염화소듐

염화소듐은 암염이나 바닷물에 함유되어 있습니다. 염화소듐은 조미료인 소금으로 가장 친숙한 소듐 화합물입니다. MSG인 글루탐산일소듐, 베이킹파우더에 들어가는 탄산수소소듐 $NaHCO_3$, 비누 역시 소듐의 화합물입니다. 탄산수소소듐은 물에 녹아 약한 염기성(알칼리성)을 띱니다. 산을 첨가하든 열을 가하든 모두 이산화탄소를 발생시키므로 베이킹파우더나 발포성 입욕제로 사용됩니다. **세제나 식품 첨가물의 성분 표시에 '~소듐'이나 '~Na'라고 쓰여 있다면 소듐 화합물**입니다.

식물의 재는 무슨 성분일까?

식물을 태우면 성분 원소인 탄소, 수소, 질소, 황 등은 산소와 결합해 공기 중으로 퍼집니다. 재로 남는 물질은 칼슘, 포타슘, 마그네슘, 소듐 등의 금속 원소 산화물이나 탄산염이죠. 나무나 풀의 재에는 10~30%의 탄산포타슘K_2CO_3이 함유되어 있고, 다시마나 미역 등의 해조류를 태운 재의 주성분은 탄산소듐Na_2CO_3입니다.

염산보다도 무시무시한 수산화소듐

수산화소듐NaOH은 흰색 고체로, 공기 중에 방치하면 수증기를 흡수해서 그 수분에 녹아내립니다(조해). 수산화소듐이 물에 녹으면 강한 염기성(알칼리성)을 띠는데, 피부에 닿으면 미끈미끈한 느낌이 듭니다. 그 이유는 피부의 단백질이 녹기 때문입니다. 눈에 들어가면 강한 통증이 느껴지고 실명하기도 하죠. 그래서 가성 소다(가성 = 피부를 부식시키는, 소다 = 소듐)라 불리기도 합니다. 공업적으로는 염화소듐 수용액을 전기분해해서 만들어집니다.

Mg: 눈부신 빛과 함께 불타며 산화마그네슘으로 변하는 금속

2족은 알칼리 토금속(알칼리 토류 원소)

2족은 모두 금속 원소로, 가장 바깥 껍질의 전자가 2개이므로 2가 양이온이 되기 쉽습니다. 2족 원소를 통틀어 알칼리 토금속(알칼리 토류 원소)이라고 부르죠.

그런데 알칼리 토금속에서 베릴륨과 마그네슘을 제외하는 경우도 있습니다. 베릴륨과 마그네슘은 나머지 2족 원소와 성질이 다른 부분이 있기 때문입니다. 예를 들자면 '베릴륨과 마그네슘의 홑원소 물질은 불꽃 반응을 보이지 않음', '베릴륨과 마그네슘의 홑원소 물질은 상온에서 물과 잘 반응하지 않음', '베릴륨과 마그네슘의 수산화물은 물에 잘 녹지 않음', '베릴륨과 마그네슘의 황산염은 물에 잘 녹음' 등이 있습니다.

마그네슘 금속은 바닷물 속의 염화마그네슘에서

마그네슘은 실용적으로 쓰이는 금속 중 알루미늄과 철 다음으로 지각에 많은 양이 존재하는 원소입니다. 바닷물에도 많이 함유되어 있기 때문에 바닷물에서 염화마그네슘을 추출하고 용융염 전해(고체 상태의 염화마그네슘을 가열해서 녹인 액체를 전기분해하는 방식) 방식으로 처리하면 금속 상태의 마그네슘을 얻을 수 있습니다. 마그네슘은 절반가량이 알루미늄을 기반으로 한 합금(예를 들어 두랄루민)에 첨가하기 위해 사용됩니다. 무게를 줄이기 위해 다이캐스트에 활용하려는 수요도 늘고 있죠. 다이캐스트란 녹여서 액체로 만든 금속을 금형에 붓고 굳혀서 꺼내는 주조법입니다. 자동차에는 휠, 운전대와 휠을 연결하는 지지대, 좌석 프레임 등으로 사용됩니다. 휴대용으로는 노트북의 케이스, 카메라, 휴대전화에 사용되고 있죠.

공기 중에서 강렬하게 연소되는 마그네슘

마그네슘은 눈부신 하얀 빛과 함께 연소되어 흰색 산화마그네슘MgO를 만들어냅니다.

$$2Mg + O_2 \rightarrow 2MgO$$

과거에 마그네슘은 카메라의 플래시로 사용되었습니다. 가루나 실, 리본 형태의 마그네슘에 불을 붙이면 산소와 결합해 온도가 높아지며 빛을 내뿜기 때문이죠. 지금도 마그네슘의 연소는 불꽃놀이에 이용됩니다. 폭죽이 터지면 하늘에 '별(폭죽에서 다양한 빛깔을 내며 터지는 알갱이·옮긴이)'을 흩뿌리죠. 별의 색깔은 원소의 불꽃 반응인데, 은(백)색으로 빛나는 별도 있습니다. 이는 **마그네슘이나 알루미늄 등의 금속 분말이 높은 온도로 연소되면서 밝기가 향상된 결과입니다. 그 외의 2족도 공기 중에서 강하게 타오릅니다.**

마그네슘은 산소와 단단하게 결합하기 쉬운 금속이므로, 이산화탄소 안에서도 이산화탄소의 산소를 빼앗으며 연소를 이어나갑니다.

$$CO_2 + 2MG \rightarrow 2MgO + C$$

마그네슘은 뜨거운 물과 반응

수소를 발생시키며 수산화물이 됩니다.

$$Mg + 2H_2O \rightarrow MG(OH)_2 + H_2$$

'딱딱한 물'과 '부드러운 물'이 있다?

음료수는 경도에 따라 경수(센물)와 연수(단물)로 나눌 수 있습니다. 칼슘 성분이나 마그네슘 성분이 많은 물이 경수, 별로 없는 물이 연수입니다. 한국과 일본의 물은 대부분 연수입니다. 참고로 마그네슘 성분이 많이 함유된 물은 설사를 유발하기도 합니다. 마그네슘의 화합물은 변비약으로 사용되죠.

Ca: 뼈, 치아, 껍데기 등을 형성하는 생체의 주요 성분 중 하나

알칼리 토금속의 대표적 원소

알칼리 토금속의 홑원소 물질은 알칼리 금속 다음으로 반응성이 뛰어난데, 베릴륨과 마그네슘을 제외하면 상온에서 물과 반응해 수소 기체를 발생시키며 수산화물을 만들어냅니다.

$$Ca + 2H_2O \rightarrow Ca(OH)_2 + H_2$$

베릴륨과 마그네슘을 제외한 알칼리 토금속의 수산화물은 강염기입니다. 물에 대한 용해도는 차이가 있는데, 원자번호가 큰 원소의 수산화물일수록 잘 녹습니다. **베릴륨과 마그네슘을 제외하면 불꽃 반응을 보입니다. 칼슘은 오렌지색, 스트론튬은 진한 빨간색, 바륨은 황록색입**니다.

석회석이나 달걀껍질, 조개껍질의 주성분은 탄산칼슘

탄산칼슘$CaCO_3$은 물에 녹지 않습니다. 탄산칼슘으로 이루어진 석회석은 시멘트의 원료로 사용되죠. 달걀껍질이나 조개껍질의 주성분 역시 탄산칼슘입니다. **칼슘 이온은 우리의 몸 안에 가장 많이 함유된 금속 이온**이기도 합니다. 인산칼슘으로 이루어진 뼈나 치아는 물론, 세포나 체액에서도 중요한 역할을 담당합니다. 체중이 50kg인 사람에게는 약 1kg 정도의 칼슘이 포함되어 있습니다. 그중 99%는 뼈나 치아에, 나머지 1%는 혈액이나 세포에 포함되어 있죠. **탄산칼슘은 묽은 염산과 반응해 이산화탄소를 발생시키고, 물에 녹아 염화칼슘$CaCl_2$으로 변합**니다.

$$CaCO_3 + 2HCl \rightarrow CaCl_2 + H_2O + CO_2$$

염화칼슘은 건조제로 사용됩니다. 염화칼슘의 무수물(화합물에서 물 분자가 빠져나간 형태-옮긴이)에는 흡습성이 있으므로 결정과 서로를 강하게 끌어당기는 결정수로서 물을 빨아들입니다.

생석회와 소석회

석회석을 고온으로 가열하면 이산화탄소를 배출하고 생석회(산화칼슘)CaO가 됩니다.

$$CaCO_3 \rightarrow CaO + CO_2$$

생석회에 물을 첨가하면 열을 일으키며 소석회(수산화칼슘)로 변합니다.

$$CaO + H_2O \rightarrow Ca(OH)_2$$

따라서 생석회는 각종 포장식품의 건조제로 사용됩니다. 또한 생석회와 물의 반응은 발열 반응이기 때문에 끈을 잡아당기면 데워지는 도시락에 쓰이기도 합니다. 끈을 당기면 따로따로 담겨 있던 생석회와 물이 하나로 합쳐지면서 산화칼슘과 물에서 수산화칼슘이 생겨나는 발열 반응이 일어나는 것이죠. 옛날에는 운동장에 흰 선을 그을 때 소석회를 사용했습니다. 하지만 강한 염기성이기 때문에 상처나 눈에 들어가면 위험하므로 지금은 탄산칼슘 분말이 사용됩니다.

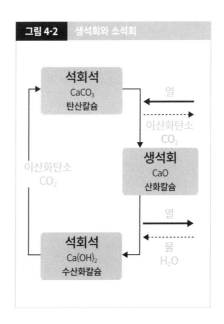

그림 4-2 생석회와 소석회

석회석
$CaCO_3$
탄산칼슘

열

이산화탄소
CO_2

이산화탄소
CO_2

생석회
CaO
산화칼슘

열

물
H_2O

석회석
$Ca(OH)_2$
수산화칼슘

이산화탄소를 확인하는 데 사용되는 석회수

소석회의 수용액이 바로 석회수입니다. 과학 실험에서 이산화탄소를 확인할 때 사용하는데, 석회수에 이산화탄소를 불어넣으면 하얀 침전물이 발생합니다. **이 침전물은 석회석과 동일한 탄산칼슘**입니다.

$$Ca(OH)_2 + CO_2 \rightarrow CaCO_3 + H_2O$$

종유동이 생겨나는 원리

석회암으로 이루어진 지역에서 생겨난 동굴을 종유동이라고 합니다. 석회암(탄산칼슘)은 물에 녹지 않지만 이산화탄소가 지나치게 많으면 탄산수소칼슘$Ca(HCO_3)_2$으로 변해서 용해됩니다. 녹은 부분이 커지면서 동굴로 변하게 되죠.

$$CaCO_3 + CO_2 + H_2O \rightarrow Ca(HCO_3)_2$$

여기서 포인트는 **탄산칼슘은 물에 녹지 않지만 이산화탄소가 함유된 산성 물에는 탄산수소칼슘으로 변해서 녹는다**는 사실입니다. 이 사실은 다음의 실험으로 확인할 수 있습니다.

시험관에 반으로 희석한 석회수를 넣습니다. 여기에 빨대로 숨을 불어넣으면 뿌옇게 흐려집니다. 숨 안의 이산화탄소가 석회수와 섞이면서 탄산칼슘의 침전물이 생겨났기 때문이죠. 계속해서 숨을 불어넣으면 침전물이 사라집니다. 탄산수소칼슘으로 변해 녹았기 때문입니다. 탄산수소칼슘 수용액에서 이산화탄소나 물이 빠져나가면 이 역반응이 일어나 다시 탄산칼슘이 석출되기 시작합니다.

$$Ca(HCO_3)_2 \rightarrow CaCO_3 + CO_2 + H_2O$$

이렇게 고드름처럼 성장한 것이 종유석, 죽순처럼 솟아난 것이 석순입니다. 이것들은 탄산수소칼슘을 녹인 물에서 탄산칼슘이 석출되면서 생겨난 결과로, 이렇게 성장하기까지는 오랜 세월이 필요합니다.

석고는 황산칼슘

황산칼슘 이수화물$CaSO_4 \cdot 2H_2O$은 석고라고 불립니다. 석고를 구우면 소석고$CaSO_4 \cdot 1/2H_2O$로 변합니다. 소석고는 물과 섞어서 반죽하면 살짝 부피가 늘어나면서 굳어 다시 석고로 돌아가죠. 이러한 성질을 이용해 소석고는 석고 세공이나 도자기의 틀 등에 사용됩니다.

Al: 알루미늄은 경금속의 대표 주자

철에 이어 사용량이 많은 금속

알루미늄은 은백색의 가벼운 금속으로, 부드러워서 연성과 전성이 뛰어나기 때문에 얇은 박으로 가공할 수 있습니다. 가정용 알루미늄 포일은 순도 99%의 알루미늄입니다. 알루미늄은 가벼우면서 전기가 잘 통하기 때문에 고압 전선에 사용되죠. 열도 잘 전달되므로 냄비나 주전자에 쓰이기도 합니다. 빛을 잘 반사하는 성질을 이용해 도로의 볼록거울이나 천문대의 반사망원경의 거울로도 사용됩니다.

이처럼 알루미늄의 용도가 매우 다양한 데는 표면이 치밀한 산화알루미늄Al_2O_3 피막으로 뒤덮여 있어 녹이 잘 슬지 않는다는 점도 한몫 합니다. 알루미늄에 4%의 구리와 소량의 마그네슘이나 망가니즈 등을 첨가한 합금이 바로 두랄루민으로, 가벼우면서도 튼튼하기 때문에 항공기의 몸체로 쓰입니다.

알루미늄의 제조

알루미늄은 지각에 함유된 양으로는 산소와 규소에 이어 3위를 차지하고 있습니다. 하지만 금속으로서는 용융염 전해법으로 대량생산에 성공하면서 비로소 사용되기 시작했습니다. 왜냐하면 알루미늄과 강하게 결합한 산소를 제거하기가 어려웠기 때문이죠.

1820년대 매우 환원력이 강한 포타슘이라는 금속을 사용해 알루미늄을 얻는 데 성공했습니다. 당시 알루미늄은 금이나 은과 맞먹는 귀중한 물질이었습니다. 나폴레옹 3세는 자신의 외투 단추를 알루미늄으로 만들게 했고, 아주 중요한 손님에게만 알루미늄 식기를 내놓고 일반

손님에게는 금으로 된 식기를 사용했다고 전해집니다. 1886년, 미국인 찰스 홀과 프랑스인 폴 에루가 거의 동시에 용융염에서 알루미늄을 전기분해하는 데 성공했습니다.

알루미늄의 원료는 보크사이트라 불리는 적갈색 광석입니다. 52~57%의 산화알루미늄(알루미나Al_2O_3)이 함유되어 있죠. 이 광석을 정제해서 알루미나를 만들어냅니다. 알루미나의 녹는점은 약 2000°C로 매우 높은데, 온도를 여기까지 높이기란 기술적으로 어려운 일이었습니다. 따라서 녹는점을 낮추기 위해 알루미나에 섞을 물질을 찾기 시작했습니다. 그 물질은 바로 빙정석 Na_3AlF_6입니다. 이로써 녹는점은 약 1000°C까지 낮아졌고, 녹여서 전기분해하기도 수월해졌죠.

가열해서 액체로 만든 빙정석에 알루미나를 녹입니다. 이 용융염에 탄소 전극을 넣어서 전기분해하면 음극에 알루미늄이 석출됩니다. 녹은 알루미늄은 전해로 바닥에 고이게 되죠. 보크사이트와 빙정석에서 알루미늄을 만들어내려면 엄청난 전력이 필요합니다. 따라서 알루미늄 광석에서 알루미늄 금속을 만드는 것보다 알루미늄 캔을 재활용하는 편이 훨씬 경제적이므로 활발하게 재활용되고 있습니다.

알루미늄은 산과 염기 모두에 녹는 양성 금속

알루미늄 원자는 가장 바깥 껍질의 전자 3개를 내놓고 3가 양이온으로 변합니다. 산화알루미늄은 2:3 비율의 알루미늄 이온Al^{3+}과 산화물 이온O^{2-}으로 이루어져 있기 때문에 화학식은 Al_2O_3가 됩니다. 염화물 이온Cl^-과 결합한 화합물은 염화알루미늄$AlCl_3$입니다.

알루미늄은 산과 강염기 수용액 모두에 녹아서 수소를 발생시킵니다.

$$2Al + 6HCl \rightarrow 2AlCl_3 + 3H_2$$

$$2Al + 2NaOH + 6H_2O \rightarrow 2Na[Al(OH)_4] + 3H_2$$

테트라하이드록시알루민산$Na[Al(OH)_4]$은 $NaAlO_2$라고도 표기되므로 **알루민산소듐**이라 불리기도 합니다.

Fe: 지금도 철제 문명 시대

지금까지 이어지는 철기 시대

철은 은백색 금속으로 코발트, 니켈과 함께 대표적인 강자성체입니다(자석에 잘 달라붙음). 지각 안에서는 네 번째, 지구 전체에서 보면 가장 많이 존재하는 원소로, 지구의 핵은 대부분 녹은 철로 추정됩니다. 철은 건축 자재부터 일상용품에 이르기까지 가장 널리 쓰이는 금속입니다. 기원전 5000년경부터 이용되고 있으며 현대도 철기문명의 흐름을 따르는, 철이 중심인 철기 시대입니다. 철과 탄소가 결합된 강철은 돌이나 청동보다 단단하고 강해서 도구나 무기, 건축 자재로 쓰였습니다.

　다른 금속(니켈, 크로뮴, 망가니즈 등)과 뛰어난 성질을 지닌 각종 합금을 만들어낸다는 점도 철이 폭넓게 사용된 이유 중 하나입니다. **인간은 철에 다양한 금속을 첨가해 철이 지닌 약점을 보강하고 철의 용도를 넓혀나갔죠.** 예를 들어 철에 크로뮴 18%, 니켈 8%를 섞은 '18-8스테인리스강'이라는 합금은 잘 녹이 슬지 않으며 아름다운 은백색 표면을 지니고 있어 다양한 재료로 쓰입니다.

인류는 철광석에서 철을 추출해냈다

우주에서 지구로 날아온 운석 중에서 주성분이 철인 운석을 운철(철질운석)이라고 부릅니다. 대부분의 철질운석에는 5~15%(중량)의 니켈이 포함되어 있습니다. 인류가 처음으로 접한 철은 운철이었겠죠. 하지만 아무리 운철로 도구를 만들었다 해도 운철의 양은 한정적이었기 때문에 석기나 청동기를 능가할 수는 없었습니다. 철광석에서 추출해낸 최초의 철은 아마도 철광석이 노출된 곳에서 모닥불을 피우다, 혹은 철광석이 섞인 구리 광석에서 구리를 추출하다 우연히 발견했을 겁니다.

철광석은 어디에서나 손에 넣을 수 있었으므로 제조법만 알면 쉽게 대량으로 만들어낼 수 있었죠. 철광석으로 발견되는 철은 적철광, 자철광, 사철로 성분은 산화철이었습니다. 철기는 석기나 청동기보다 뛰어났기 때문에 농업이나 공업, 전쟁 무기로 사용되기 시작했습니다. 예를 들어 철제 도끼로 삼림을 개간하거나 철제 괭이로 단단한 땅도 쉽게 경작할 수 있게 되었죠.

일본의 다타라 제철

미야자키 하야오 감독의 애니메이션 〈모노노케히메〉를 보면 괄괄한 여성들이 발판을 밟아 철을 만드는 장면이 나옵니다. 발판을 밟으면 풀무에서 철을 만드는 화로로 공기가 보내지죠. 실제로는 노동량이 엄청나기 때문에 여성이 풀무를 밟는 경우는 없었다고 하는데, 이 장면은 예부터 일본에서 전해지는 '다타라 제철법(다타라는 일본어로 '밟는 풀무'를 의미한다-옮긴이)'이라는 제철 방식을 묘사한 장면입니다.

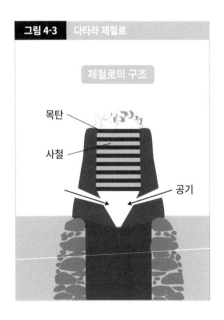

그림 4-3 다타라 제철로

제철로의 구조

목탄
사철
공기

제철로 유적을 조사해보니 일본은 고훈 시대(3세기부터 7세기 중반까지 일본의 시대 구분-옮긴이)부터 제철을 시작했던 모양입니다. 고대의 다타라 화로는 지면을 판 다음 사철과 목탄을 채워놓은 간단한 구조였죠. 송풍 방식은 손으로 누르는 방식에서 발로 밟는 방식으로 개량되었습니다. 시대의 흐름과 함께 화로의 크기도 커져서 깊은 지하 구조 위에 점토로 상자 모양의 화로를 제작했습니다.

한 번 제철로에 불을 지피면 사흘 동안 쉴 새 없이 고된 작업을 이어나가야 했죠. 또한 사철과 같은 양의 목탄이 필요했습니다. 그리고 화로는 마지막에 철거됩니다.

다타라 제철법은 메이지 시대(1987~1912년) 후반에는 용광로(고로)를 이용한 서양식 제철법으로 완전히 교체되었습니다. 다이쇼 시대(1912~1926년) 말기에는 완전히 자취를 감췄죠. 다만 최근에 전통 기술 보존을 위해 다타라 제철법이 각지에서 재현되고 있습니다. 또한 일본도를 제작하는 데 쓰이는 강철을 만들기에는 다타라 제철법이 적합해 일본 도검 미술 보존 협회가 시마네현에 다타라 제철장을 건설해 지금까지 조업을 이어나가고 있습니다.

근대 제철

1897년 일본의 근대 제철은 관영 야하타 제철소가 설립되면서 시작됩니다(한국 최초의 근대식 제철소로는 1943년에 건설된 삼화제철소가 있다-옮긴이). 근대 제철에서는 거대한 용광로(고로)에 철광석[적철광(주성분 Fe_2O_3) 등], 코크스(석탄을 쪄서 만드는 탄소 덩어리), 석회석의 혼합물을 넣고 밑으

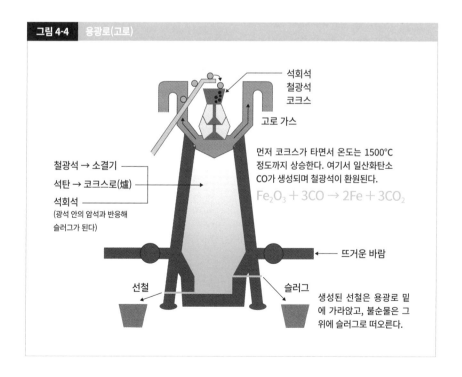

그림 4-4 용광로(고로)

석회석
철광석
코크스

고로 가스

철광석 → 소결기
석탄 → 코크스로(爐)
석회석
(광석 안의 암석과 반응해
슬러그가 된다)

먼저 코크스가 타면서 온도는 1500℃
정도까지 상승한다. 여기서 일산화탄소
CO가 생성되며 철광석이 환원된다.

$$Fe_2O_3 + 3CO \rightarrow 2Fe + 3CO_2$$

뜨거운 바람

선철

슬러그

생성된 선철은 용광로 밑
에 가라앉고, 불순물은 그
위에 슬러그로 떠오른다.

로 뜨거운 바람을 불어넣어 코크스를 태웁니다. 고로는 30층 빌딩과 맞먹을 만큼 거대합니다. **이때 생겨나는 일산화탄소가 주로 철광석에서 산소를 빼앗으면서 철이 산출됩니다.**

이렇게 만들어진 철은 선철이라 불리며 다량의 탄소를 함유하고 있습니다(4~5%). 고로에서 뽑아낸 선철은 약합니다. 따라서 전로(轉爐)로 옮기고 산소를 불어넣어서 탄소를 연소시키면 탄소의 양이 줄어들어 함유율이 조절되면서 강철이 만들어집니다. 강철은 탄소 함유율이 낮아서(0.04~1.7%) 단단하기 때문에 다양한 재료로 이용됩니다. 현대에는 알루미늄이나 마그네슘, 타이타늄 등 새로운 금속도 활약하고 있지만 가장 주된 금속 재료는 여전히 철입니다.

우리 주변에 존재하는 철

뛰어난 성질을 지닌 합금(두 종류 이상의 금속을 섞은 것)을 만들어낼 수 있다는 점 역시 철이 폭넓게 사용되는 이유 중 하나입니다. 예를 들어 철에 크로뮴과 니켈을 첨가한 합금인 스테인리스강(스테인리스 스틸)은 특별한 처리를 하지 않더라도 잘 녹이 슬지 않는 금속입니다. 일회용 손난로나 식품의 탈산소제에는 철가루가 들어 있는데, 이 철가루의 산화 반응이 이용됩니다. 또한 인체에 존재하는 적혈구 안의 헤모글로빈은 철을 함유한 단백질로, 철은 산소를 온몸으로 운반하는 데 중요한 역할을 맡고 있죠.

철의 산화물

철의 화합물에서 철은 2가 및 3가의 양이온입니다. 수용액 안에서 Fe^{2+}(연녹색)는 쉽게 분해되어 Fe^{3+}(황갈색)으로 변합니다.

철의 산화물로는 산화철(Ⅱ)FeO, 산화철(Ⅲ)Fe_2O_3, 산화철[Ⅱ, Ⅲ(사산화삼철)]Fe_3O_4이 있습니다. 철솜을 태우면 주로 산화철(Ⅲ)이 생겨납니다.

$$4Fe + 3O_2 \rightarrow 2Fe_2O_3$$

Cu: 철, 알루미늄에 이어 사용량 3위의 금속

전선에 이용되는 구리

구리는 부드럽고 붉은색 금속 광택을 띠는 금속입니다. 기원전 3000년경에는 이미 제련해서 사용하고 있었죠. 은 다음으로 전기 저항이 작으면서 은보다 훨씬 저렴하기 때문에 전선 등에 널리 이용되고 있습니다. **전성·연성이 크며 열전도성도 높기 때문에 다양한 가공품에 이용됩니다.** 또한 다양한 금속과의 조합을 통해 많은 합금이 알려지면서 널리 쓰이고 있죠. 대표적인 합금으로는 황동(구리와 아연)과 청동(구리와 주석)이 있습니다.

구리의 화합물

구리 이온으로는 구리(Ⅰ) 이온Cu^+, 구리(Ⅱ) 이온Cu^{2+}이 있습니다. 구리를 공기 중에서 연소시키면 검은색 산화구리(Ⅱ)가 생겨납니다. 구리와 염소에서는 염화구리(Ⅱ)$CuCl_2$가 생겨나죠. 염소 기체Cl_2를 넣은 둥근 플라스크에 코일 형태로 말아놓은 구리선을 가열해서 집어넣으면 반응을 일으켜 염화구리(Ⅱ) 무수물(결정수가 포함되지 않은 결정)이 생겨납니다. 흡습성이 있는 황록색 결정이지만 물에 녹이면 진할 경우 초록색, 연할 경우 파란색을 띕니다.

산화력이 강한 열농황산(진한 황산을 가열한 것-옮긴이)이나 질산에 반응시켜서 녹이면 황산구리(Ⅱ), 질산구리(Ⅱ)가 생겨납니다. **구리는 열농황산과 다음과 같이 반응해 이산화황을 발생시키며 황산구리(Ⅱ)로 변합니다.**

$$Cu + 2H_2SO_4 \rightarrow CuSO_4 + 2H_2O + SO_2$$

이 수용액에서 석출되는 파란색 결정은 황산구리(Ⅱ) 오수화물$CuSO_4 \cdot 5H_2O$입니다. 이 물질을 가열하면 결정수를 잃고 흰색 가루가 되는데, 물을 흡수하면 다시 파란색으로 돌아갑니다.

구리(Ⅱ) 이온Cu^{2+}이 함유된 수용액에 암모니아수나 수산화소듐 수용액, 즉 수산화물 이온 OH^-을 넣으면 청백색 수산화구리(Ⅱ)$Cu(OH)_2$가 가라앉습니다.

$$CuSO_4 + 2NaOH \rightarrow Cu(OH)_2 + Na_2SO_2$$

수산화구리(Ⅱ)는 가열하면 산화구리(Ⅱ)로 변합니다.

$$Cu(OH)_2 \rightarrow CuO + H_2O$$

Cu^{2+}가 함유된 수용액에 황화수소H_2S를 첨가하게 되면 검은색 황화구리(Ⅱ)CuS가 가라앉습니다.

올림픽 메달이 금·은·동인 이유는?

자연적으로 존재하는 금속 중에 홑원소 물질로 산출되는 것은 주로 금, 은, 수은, 구리, 백금의 5가지입니다. 이 중에서 백금은 18세기로 접어들어 발견되었기 때문에 고대에는 알려져 있지 않았죠. 홑원소 물질 상태의 금속, 즉 자연금, 자연은, 자연구리가 존재했던 금, 은, 구리는 화학적인 방법 없이도 광석에서 추출할 수 있었기 때문에 예부터 널리 알려져 있었습니다. 고대인은 이것들을 주워 모아서 두드려서 커다란 덩어리로 만들거나, 넓히고, 깎고, 가열하고, 녹여서 가공했습니다. 은이나 구리는 이온화 경향이 낮기 때문에 광석을 가공해서 추출하게 된 뒤로도 의외로 쉽게 뽑아낼 수 있었죠.

대부분의 금속은 은색이지만 금과 구리는 금색과 구릿빛이라는 두드러진 빛깔을 지니고 있었습니다. 특히 금은 금색에서 변하지 않으므로 부의 상징이기도 했죠. 은은 똑같은 은색이더라도 반사율이 높아서 광채가 뛰어납니다. **금, 은, 구리는 모두 녹는점이 1000℃ 전후로 녹이기 쉬우며 연성과 전성도 높으므로 가공하기 쉽다**는 특징이 있습니다. 특히 금이나 은은 희소성 때문에 값비싼 금속이었죠. 또한 금은 연성·전성이 모두 매우 높아서 일반적인 금박의 경우 0.0001mm의 두께까지 가공할 수 있고, 1g의 금으로는 3000m 길이의 바늘을 만들 수 있습니다. 이러한 이유로 올림픽 메달로는 금·은·동이 쓰이며 1~3위의 순서대로 수여됩니다.

Zn: 함석이나 건전지의 음극으로 쓰이는 아연

아연과 아연의 합금인 황동

아연은 살짝 푸른빛을 띤 은백색 금속입니다. 망가니즈 건전지나 알칼리 건전지의 음극으로 사용되죠. 12족인 아연의 원자번호는 30이니 **양성자의 수, 즉 전자의 수는 30개, 전자배치는 K 껍질 2개, L 껍질 8개, M 껍질 18개, N 껍질 2개로 이루어져 있으며 가장 바깥 껍질의 전자 수는 2개이므로 Zn²⁺라는 2가 양이온이 되기 쉽습니다.** 산화아연은 ZnO, 염화아연은 $ZnCl_2$, 황산아연은 $ZnSO_4$입니다.

구리와의 합금은 황동 혹은 놋쇠라고 불립니다. 가공이 용이하기 때문에 동전을 비롯해 금관악기 등에 사용되고 있죠. 브라스 밴드의 '브라스'는 영어로 황동(brass)을 뜻하는 말입니다. 브라스 밴드는 황동으로 만든 악기, 즉 금관악기와 타악기만으로 구성된 악단을 가리킵니다.

아연은 철의 표면을 도금한 함석의 재료로 사용되므로 함석의 표면에서는 아연의 결정 무늬를 살펴볼 수 있습니다. **함석의 경우 철보다 아연이 더 이온화 경향이 강하기 때문에** 본체인 철이 부식되기 전에 먼저 아연이 부식되는 방식으로 본체를 지켜줍니다.

알루미늄과 마찬가지로 아연도 양성 금속

아연은 산, 강염기 수용액 모두에 녹아 수소를 발생시킵니다.

$$Zn + 2HCl \rightarrow ZnCl_2 + H_2$$
$$Zn + 2NaOH + 2H_2O \rightarrow Na_2[Zn(OH)_4] + H_2$$

제 5 장

밀도는 몰 등의

양으로 계산

제5장 요약

화학에서 가장 많은 사람들이 좌절하는 대목이라면 바로 5장에서 다룰 몰이 아닐까요? 앞서 화학은 계산이 필요한 단원과 암기가 필요한 단원 두 가지로 이루어져 있다고 말했는데, 몰이 바로 화학에서 계산이 필요한 대표적 단원입니다.

왜 이렇게나 번거로운 계산이 필요하느냐? 바로 '눈에는 보이지 않는 미시적인 세계를 눈에 보이는 거시적인 세계'로 연결해주는 역할인 물질량을 알 수 있기 때문입니다. 자연 현상에는 다양한 종류가 있고 각각을 측정하는 단위가 있습니다. 예를 들어 뭔가가 움직일 때 이동한 거리는 'm(미터)', 이동에 걸린 시간은 '초'로 측정합니다.

화학 반응에서 이 'm'나 '초'에 해당하는 것이 바로 몰입니다. 몰은 '입자(원자나 분자 등)의 수'를 나타내는 단위라 해도 무방합니다. 원자나 분자는 미시적인 세계에 존재하므로 육안으로 직접 보고 개수를 셀 수는 없습니다. 하지만 몰을 이용하면 입자의 수를 파악할 수 있죠.

밀도

$$\frac{\text{질량의 단위}}{\text{부피의 단위}} = \frac{g}{cm^3} \implies g/cm^3$$

몰

1 1mol당 입자의 수 $= 6.02 \times 10^{23}/mol$ $\implies$ 아보가드로 수

2 어떤 물질 1mol의 질량(g) $\implies$ 몰질량

퍼센트 농도

$$\text{퍼센트 농도(\%)} = \frac{\text{용질의 질량(g)}}{\text{용매의 질량(g)} + \text{용질의 질량(g)}} \times 100$$

몰농도

$$\text{몰농도 mol/L} = \frac{\text{용질의 물질량 mol}}{\text{용액의 부피 L}}$$

아보가드로의 법칙/보일·샤를의 법칙

이상 기체와 실제 기체

무겁다·가볍다의 또 다른 의미는 단위 부피당 질량

밀도는 물질 cm^3당 질량g

우리가 일상적으로 사용하는 '무겁다·가볍다'라는 말에는 물질 자체의 양인 질량에 대해 '**전체적인 질량**'과 '**단위 부피당 질량**'이라는 두 가지 의미가 있습니다. 뭔가가 뜨거나 가라앉는 현상에서 '무거운 것은 가라앉고 가벼운 것은 뜬다'라고 표현하는데, 이 경우의 '무겁다'와 '가볍다'는 단위 부피당 질량을 말합니다. 물질의 $1cm^3$당 질량g을 밀도라고 합니다. 물질의 밀도를 알면 물질이 뜰지, 가라앉을지도 예상할 수 있죠. 이미 2500년 전에 고대 그리스의 철학자 데모크리토스는 원자론에서 물질의 밀도 차에 대해 '납과 나무를 비교하면 납 안에는 훨씬 많은 원자가 가득 차 있는 반면 나무에는 조금밖에 없다'라고 설명한 바 있습니다.

그렇다면 다양한 고체(무슨 물질인지는 모름)의 $1cm^3$당 질량을 구하려면 어떻게 해야 할까요. 물론 $1cm^3$ 크기의 물체를 만들어서 질량을 측정하면 되겠습니다만, 매번 $1cm^3$의 물질을 만들기란 어려운 일이겠죠. **물체를 부수지 않고 $1cm^3$당 질량을 구하려면 질량과 부피를 측정해서 '단위 부피당 질량'을 계산하면 됩니다.**

예를 들어 어떤 물체는 $50cm^3$의 경우 393g이었다고 가정하겠습니다. $1cm^3$당 질량을 계산하려면 393g을 $50cm^3$으로 나누면 되니 $393 \div 50 = 7.86g/cm^3$, 즉 밀도는 $7.86g/cm^3$가 됩니다. 다시 말해 질량 ÷ 부피의 값이 바로 밀도인 셈이죠.

$$밀도 = \frac{질량}{부피}$$

밀도의 단위는 g/cm³

밀도, 질량, 부피를 계산할 때는 각각의 단위도 똑같이 계산하는 버릇을 들여 두세요(질량의 단위: g, 부피의 단위: cm³).

$$\frac{\text{질량의 단위}}{\text{부피의 단위}} = \frac{\text{g}}{\text{cm}^3} \rightarrow \text{g/cm}^3$$

앞의 단위는 1당 ○g임을 나타냅니다. 그램 매 세제곱센티미터(혹은 그램 퍼 세제곱센티미터)라고 읽습니다. '/'는 1당 얼마를 나타낸다는 기호죠. 분수의 분모와 분자 사이에 넣는 '-'와 동일합니다. 예를 들자면 한 자루에 600원 짜리 연필은 600원/자루, 한 달에 1만 원 받는 용돈은 1만 원/월이 되겠네요.

물질의 밀도는 금속의 경우 금속 원자 '1개의 질량'과 '채워진 방식', '채워진 상태'에 따라 결정됩니다. 예를 들어 원자 1개의 질량이 크다 하더라도 빽빽하게 채워져 있는지, 아니면 구멍이 숭숭 뚫려 있는지에 따라 밀도는 달라집니다. 밀도는 물질의 종류에 따라 정해지는 값이므로 밀도를 구하면 그 물질이 무엇인지를 알 수 있는 단서가 됩니다.

그림 5-1	고체와 액체의 밀도(단위: g/cm³)		
금	19.3	목재(흑단)	1.1~1.3
텅스텐	19.3	목재(편백)	0.49
수은	13.5	우유	1.03~1.04
납	11.3	등유	0.80~0.83
철	7.9	에탄올	0.79
소듐	0.97	휘발유	0.66~0.75
염화소듐	2.2		
수크로스	1.59		

물질이 뜨고 가라앉는 현상과 밀도

물의 밀도 1g/cm³보다도 밀도가 큰 물질을 물에 넣으면 가라앉고, 밀도가 작은 물질을 넣으면 떠오릅니다. 얼음의 밀도는 0.92g/이므로 얼음은 물에 떠오르죠. 신선한 달걀의 밀도는 1.08~1.09입니다. 따라서 달걀은 물에 가라앉습니다. 식염수는 온도 20℃에서 1%의 경우 1.005g/cm³, 5%의 경우 1.034g/cm³, 10%의 경우 1.071g/cm³, 15%의 경우 1.109g/cm³, 20%의 경우 1.149g/cm³입니다. 15% 정도의 식염수라면 달걀의 밀도를 넘어서므로 달걀이 물에 뜹니다.

액체 금속인 수은에는 철도 둥실둥실 떠오르지만 텅스텐은 가라앉고 맙니다. 흑단은 고급 가구 등에 쓰이는 목재입니다. 거무스름한 색을 띠고 있으며 무게도 묵직하고 단단하다 보니 물에 가라앉죠. 하지만 일반적인 나무토막은 안에 공기가 들어갈 수 있는 빈틈이 있기 때문에 평균적인 밀도는 물보다 작아서 뜨게 됩니다.

단위를 붙인 밀도 계산

밀도의 단위는 g/cm³입니다. 즉 단위 부피당 질량임을 머릿속에 그려두면 **밀도를 구하는 방식은 g ÷ cm³, 즉 밀도 = 질량 ÷ 부피가 됩니다.** g/cm³에 부피를 곱하면 분자와 분모가 동일하니 가 지워지고 g만 남습니다. 따라서 '밀도 × 부피 = 질량'이 되겠죠.

그럼 1kg(=1000g)의 철(밀도 7.86g/cm³)의 부피는 몇 cm³일까요. 밀도의 단위에서 구해야 할 값인 은 분모에 위치해 있으니 밀도를 뒤집겠습니다. 1/밀도 = cm³/g에서 분모인 g를 지우기 위해 g를 곱하면 cm³가 남습니다. 따라서 다음과 같습니다.

$$\frac{1}{7.86}\,cm^3/g \times 1000g = 127cm^3$$

원자량에 대해 알아볼 때, 수소 원자 1개의 질량에 원자 질량 단위 u를 붙인다

원자 질량 단위 u

원자의 질량은 매우 작습니다. 예를 들어 수소 원자 1개의 질량은 0.000000000000000000 00000167(=1.67×10^{-24})g 밖에 되지 않죠. 따라서 가장 가벼운 수소 원자(양성자 1개만을 가진 경수소)를 기준으로 삼아서 원자간 질량을 비교해보겠습니다. 뭔가의 질량을 잴 때 저울에 추 대신 수소 원자를 올린다고 생각하면 되겠네요. 그러면 탄소 원자 1개, 산소 원자 1개는 각각 수소 원자 1개 질량의 12배, 16배입니다.

이 사실을 이용해 원자 1개의 질량은 보통 사용하는 g이나 kg이 아닌 특별한 단위로 나타냅니다. 이를 원자 질량 단위라 부르고, u라는 기호를 사용해서 나타냅니다. 수소 원자 1개의 질량 단위가 1u이니, 여기서는 **각 원자 1개의 질량 단위는 '각 원자의 질량이 수소 원자의 몇 배나 되는지'를 나타낸다**고 생각합시다. 각 원자 1개의 질량을 u로 나타냈을 경우, u 앞의 수치는 원자량이라고 합니다.

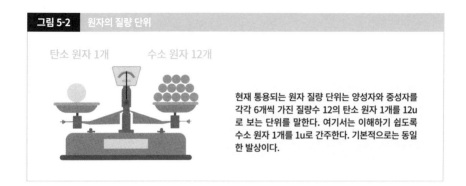

그림 5-2   원자의 질량 단위

탄소 원자 1개   수소 원자 12개

현재 통용되는 원자 질량 단위는 양성자와 중성자를 각각 6개씩 가진 질량수 12의 탄소 원자 1개를 12u 로 보는 단위를 말한다. 여기서는 이해하기 쉽도록 수소 원자 1개를 1u로 간주한다. 기본적으로는 동일한 발상이다.

동위원소

주기율표에서 같은 칸에 들어 있지만, 즉 원자번호는 동일하지만 사실은 원자핵이 다른 몇 가지 원소가 함께인 경우가 있습니다. 원자번호가 동일하다는 말은 원자핵의 양성자 수가 같다는 뜻입니다. **원자핵이 다르다는 말은 원자핵의 중성자 수가 다르다**는 뜻이죠. 이것이 바로 동위원소 또는 동위체(아이소토프)입니다. 동위체 중에는 방사능(방사선을 내뿜는 성질)이 있어서 원자핵이 붕괴하거나 다른 원자로 변해가는 방사선 동위원소(라디오아이소토프)도 있습니다. 방사성 동위원소가 아닌 것은 안정 동위원소라고 부릅니다.

자연에 존재하는 동위원소의 비율(존재비)은 거의 일정합니다. 예를 들어 수소 원소에는 안정 동위원소로 수소와 중수소, 방사성 동위원소로는 삼중수소(트리튬)가 있습니다. 개수비로 따졌을 때 자연 상태에서는 수소가 99.985%, 중수소는 0.015%밖에 존재하지 않죠.

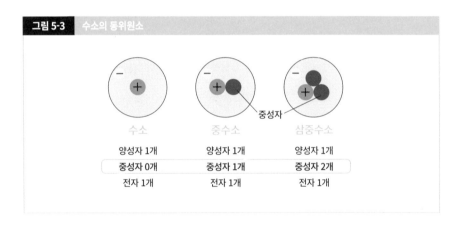

그림 5-3 수소의 동위원소

중성자

수소	중수소	삼중수소
양성자 1개	양성자 1개	양성자 1개
중성자 0개	중성자 1개	중성자 2개
전자 1개	전자 1개	전자 1개

동위원소의 상대 원자 질량에 존재비를 곱하면 평균 원자량을 구할 수 있다

염소에는 질량수가 35, 37인 두 종류의 안정 동위원소 ^{35}Cl, ^{37}Cl이 있습니다. 자연 상태에서는 75.8%인 ^{35}Cl이 주를 이루고 ^{37}Cl은 24.2%입니다. 다음 계산식에서 염소의 원자량 35.5는 존재비를 곱한 평균(가중 평균)을 통해 구한 값입니다.

$$35.0 \times 0.758 + 37.0 \times 0.242 = 35.5$$

주기율표의 순서는 원래 원자량이 기준이었다

각 원소의 원자량은 주기율표에서 각 칸의 원소기호 밑에 쓰여 있습니다.

동위원소의 존재는 원자가 원자핵(양성자·중성자)과 전자로 이루어져 있다는 사실이 판명되면서 밝혀졌죠. 그전까지 주기율표에 원소를 배열하는 순서는 원자량이 기준이었습니다. 화학자들은 수소 원자를 1로 정한 뒤 산소 원자를 16으로 보고 원자량을 구했죠. 산소는 다른 원소와 화합물을 형성하기 쉬우므로 산소를 기준으로 삼아서 산소와 결합한 상대 원소의 원자량을 구했던 것입니다. 하지만 원자의 내부 구조가 밝혀진 뒤로 주기율표는 원자번호 순으로 배치하게 되었습니다. **원자번호는 양성자의 수입니다. 원자핵은 양성자가 많을수록 중성자 역시 많아지는** 경향이 있죠. 전자 1개의 질량은 양성자나 중성자에 비하면 약 1840분의 1에 불과하므로 원자의 질량은 양성자와 중성자가 맡고 있습니다.

동위원소 중에서 중성자가 많은 원소의 존재비가 높으면 원자량도 많아집니다. 따라서 원자번호의 순서와 원자량의 순서가 맞지 않는 부분(원자번호와 원자량이 역전되는 부분)이 몇 군데 있죠.

화합물의 경우는 원자량을 적용시켜서 화학식량을 구한다

화합물의 경우는 포함된 원자의 원자량을 적용시켜서 화학식량(분자로 이루어진 물질은 분자량)을 구합니다. 수소 분자 같은 홑원소 물질도 마찬가지죠. 예를 들어 물 분자 안에는 수소 원자 2개와 산소 원자 1개가 포함되어 있으므로 물의 분자량은 다음과 같습니다.

- 수소의 원자량: 1.01
- 산소의 원자량: 16.00

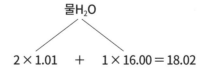

물 H_2O

$$2 \times 1.01 \quad + \quad 1 \times 16.00 = 18.02$$

몰은 미시적 세계와 거시적 세계를 연결하는 개수의 단위

몰은 다스와 같은 개수의 단위

일상생활에서 쓸 일은 거의 없지만 원자 질량 단위는 질량의 단위입니다. 이미 배웠듯이 1u는 양성자 1개(=중성자 1개), 수소 원자 1개의 질량입니다. 우리가 평소 다루는 질량에 비하자면 너무나도 작은 양이죠. 그럼에도 원자·분자·이온 등 미시적인 세계에서는 충분합니다.

여기서는 탄소와 산소의 반응을 토대로 미시적 세계와 우리가 쉽게 다루는 거시적 세계의 양(量)을 머릿속에 그려보겠습니다. 탄소와 산소를 합쳐서 가열하면 탄소의 연소가 시작됩니다. 이리저리 휙휙 날아다니는 산소 분자가 탄소 원자의 집단과 충돌해 이산화탄소 분자가 생성됩니다. 개수로 보면 탄소 원자 1개와 산소 분자 1개에서 이산화탄소 분자 1개가 생겨나죠. 원자량이나 식량은 원자 질량 단위로 각각 탄소 원자 1개 12u, 산소 분자 1개 32u, 이산화탄소 분자 1개 44u입니다.

$$C \quad + \quad O_2 \quad \rightarrow \quad CO_2$$

(※ C, O$_2$, CO$_2$ 앞의 1은 생략됨)

	C	O$_2$	CO$_2$
개수	1개	1개	1개
원자 질량 단위로 나타낸 질량	12u	32u	44u

여기서 몰(단위 mol)이라는 양이 등장합니다. 몰은 연필 1다스(더즌)의 '다스'와 같은 단위입니다. 1다스는 12자루의 모임이지만 **몰은 막대한 수의 모임**입니다. 이 막대한 수는 수소 원자

를 모았을 때 1g, 탄소 원자의 경우는 12g, 산소 원자는 32g, 이산화탄소 분자라면 44g이 되는 개수입니다. **몰은 1개, 2개⋯ 1다스, 2다스와 동일한 개수 단위**인 셈이죠.

너무나도 작고 가벼운 원자, 분자, 이온을 모은 개수의 단위 mol

원자 등을 어느 어마어마한 개수까지 모으면 1mol이 됩니다. 1mol이면 가장 가벼운 수소 원소마저 우리가 충분히 다룰만 한 1g이라는 양이 됩니다. **이처럼 막대한 개수를 나타내는 양으로 물질량**(단위 mol)**을 사용**합니다. **1mol인 물질의 질량은 원자량이나 화학식량에 그램**(g) **단위를 붙인 값**입니다. 개수의 단위 mol을 사용하면 탄소 연소의 양적 관계는 다음과 같습니다.

$$C \quad + \quad O_2 \quad \rightarrow \quad CO_2$$

[개수]	1mol	1mol	1mol
[질량]	12g	32g	44g

앞의 화학 반응식에서 C, O₂, CO₂ 앞에는 숫자가 없지만 실은 1이 생략되어 있습니다. 따라서 각각이 1mol인 셈이죠. 탄소 1mol과 산소 1mol에서 이산화탄소 1mol이 생겨남을 알 수 있습니다. 여기서 질량도 알 수 있죠. C, O_2, CO_2가 각각 1mol이므로 원자량이나 화학식량에 g를 붙이면 됩니다.

막대한 개수인 1mol은 과연 몇 개일까?

탄소 원자 12g을 탄소 원자 1개의 질량인 1.99×10^{-23}g으로 나눠보면 1mol이라는 개수의 단위가 얼마나 막대한 숫자를 쉽게 정리해주는지 알 수 있습니다. 수소 원자 1g을 수소 원자 1개의 질량인 1.67×10^{-24}g으로 나눠도 마찬가지죠. 바로 6.02×10^{23}개입니다. 이 수는 아보가드로 수라고 불립니다. 지수를 사용하지 않으면 무려 602,000,000,000,000,000,000,000개죠. 1mol당 입자의 개수 6.02×10^{23}/mol을 아보가드로 상수라고 부릅니다. 저는 화학을 가르칠 때 **몰은 '묶음'**이라고 비유합니다. 12개 한 묶음인 다스에 비하자면 엄청난 개수지만요. 수소 원자를 이 개수만큼 묶으면 1g이 되는 거죠. 채소 가게에서 '한 묶음에 얼마'라고 파는 걸 볼 수 있습니다. 마찬가지로 화학의 세계에서도 몰이라는 개념을 통해 **원자의 묶음을 아보가드로 수로 나타내, 원자의 집단을 체감 가능한 실질적인 양으로 바꾸어놓는 것**입니다.

국제단위계에서 몰의 정의

'1mol은 $6.02214076 \times 10^{23}$개의 요소 입자를 포함하는 물질량이다.'

여기서 말하는 요소 입자란 해당 물질의 성질을 규정하는 화학적으로 최소한의 요소로, 원자, 분자, 이온, 전자 및 그 외의 입자, 혹은 조성이 정해진 이 입자들의 모임을 말합니다.

.

몰이라는 관점으로 보는 수소와 산소의 반응

물질의 화학식을 조합해 화학 반응식을 만들어보면 원자나 분자 단위에서 각각 몇 개의 물질이 반응하는지 등을 알 수 있습니다. 이를테면 수소와 산소를 섞은 물질에 불을 붙이면 폭발적인 반응과 함께 물이 생겨납니다.

$$2H_2 + O_2 \rightarrow 2H_2O$$

이는 수소 분자 2개와 산소 분자 1개에서 2개의 물 분자가 생겨나는 반응입니다. 분자는 너무나도 작기 때문에 우리는 실제로 체감할 수 없습니다.

수소 분자가 아보가드로 수의 2배만큼 있다고 쳐보죠. 이는 수소 분자 2mol입니다. 그렇다면 수소 원자의 경우는 아보가드로 수의 4배이니 질량은 4g이 됩니다. 반응하는 산소 분자는 아보가드로 수만큼 있으니 1mol입니다. 산소 원자의 경우 아보가드로 수의 2배로 질량은 32g입니다.

몰의 관점에서 생각해보면 원자나 분자가 몇 개 반응하는지, 각각 몇 mol씩 반응하는지를 알 수 있습니다. 그리고 몇 mol씩 반응했는지를 알면 각각 몇 g(혹은 몇 L)**씩 반응했는지도 알 수 있죠.**

1mol당 질량인 몰질량

물질 1mol당 질량(g)을 몰질량이라고 합니다. 몰질량의 단위는 g/mol입니다. **/mol은 '1몰당', g/mol은 '1몰당 질량(g)'을 의미합니다.**

원자량, 화학식량에 g/mol을 붙이면 원자, 분자, 이온 등의 몰질량이 됩니다. 예를 들어 탄소C(원자량 12)는 12g/mol, 물H_2O(화학식량 18)은 18g/mol, 염화소듐NaCl(화학식량 58.5)은 58.5g/mol이 각각의 몰질량입니다. 물질의 몰질량이 M g/mol일 때, 이 물질 w g의 물질량 n mol은 다음과 같습니다.

$$n\,\text{mol} = \frac{w\,\text{g}}{M\,\text{g/mol}}$$

어느 물질의 몰질량(혹은 원자량, 화학식량)과 질량을 알면 그 물질의 물질량을 알 수 있습니다. 예를 들어 산소O_2의 몰질량은 32g/mol이니 산소 16g은 16g/(32g/mol) = 0.5mol, 물H_2O의 몰질량은 18g/mol이므로 물 90g은 90g/(18g/mol) = 5mol이 됩니다.

몰질량을 이용해보기

몰질량을 이용하면 물질량(개수)과 질량을 간단히 환산할 수 있습니다.

$$n\,\text{mol} = \frac{w\,\text{g}}{M\,\text{g/mol}}\text{이므로}, \; M\,\text{g/mol} \times n\,\text{mol} = w\,\text{g}$$

단위로 생각할 경우, 몰질량 g/mol에 물질량 mol을 곱하면 분모와 분자에서 mol이 지워지고 질량이 남게 됩니다.

g/mol × mol = g

그림 5-4   물의 계산

[문제 1] 산소가 충분한 곳에서 수소 3mol을 연소시키면 물은 몇 g 생겨날까?
이때 H의 원자량은 1, O는 16이다.

① 화학 반응식을 쓴다

수소   +   산소   →   물

$2H_2$ O_2 $2H_2O$

② 계수를 통해 각각의 물질량의 관계를 알 수 있다.

	$2H_2$	O_2	$2H_2O$
물질량	2mol	1mol	2mol

③ 수소와 물의 물질량은 같다. 즉 수소 3mol에서는 물 3mol이 생겨난다.

④ 물의 몰질량은 $2 \times 1.0g/mol + 1 \times 16g/mol = 18g/mol$

⑤ 물 3몰은 $3mol \times 18g/mol = 54g$ → 정답은 54g이다.

[문제 2] 수소 10g에서 물은 몇 g 생겨날까?

① 물질량을 질량으로 환산한다.

	$2H_2$	O_2	$2H_2O$
물질량	2mol		2mol
질량	$2 \times 2.0g$		$2 \times 18g$

② 구해야 하는 물의 질량을 x로 보고 비례식을 세워서 계산한다.

$2 \times 2.0g$ $2 \times 18g$

10g $x\,g$

$2 \times 2.0g : 2 \times 18g = 10g : x\,g$

내항의 곱 = 외항의 곱

$2 \times 2.0x = 18 \times 10$

$x = 180 \div 2.0 = 90(g)$ → 정답은 90g이다.

※ 익숙해지면 대각선 공식(a:b = c:d의 비례식을 a/b = c/d의 형태로 바꾸면 ad = bc)
을 이용해

'내항의 곱 = 외항의 곱'을 곧바로 식으로 나타낼 수 있다.

용액의 농도를 나타내는 방식
: 퍼센트 농도와 ppm, ppb

퍼센트 농도

물질을 물에 녹였을 때, 그 진하기(농도)는 녹은 물질의 질량에 따라 달라집니다. 따라서 수용액의 진하기(농도)를 나타낼 때는 퍼센트 농도가 자주 사용되죠. 수용액 전체의 질량을 100으로 볼 때, 여기에 녹아 있는 용질의 질량비를 나타내기 때문에 퍼센트 농도라고 합니다.

$$\text{퍼센트 농도(\%)} = \frac{\text{용질의 질량(g)}}{\text{용액의 질량(g)}} \times 100$$

$$= \frac{\text{용질의 질량(g)}}{\text{용매의 질량(g)} + \text{용질의 질량(g)}} \times 100$$

진한 염산의 시약병을 보면 라벨에 '염화수소 35.0%'라고 쓰여 있습니다. 이는 염화수소라는 기체가 퍼센트 농도로 35.0% 포함되었음을 나타내죠. 예를 들어 물 100g에 수크로스 25g을 녹였을 때의 퍼센트 농도는 얼마일지 계산해봅시다. 여기서 주의할 점은 용액의 질량을 100g으로 착각해서는 안 된다는 사실입니다. 물과 수크로스를 합치면 용액의 질량은 100g + 25g = 125g이 됩니다.

$$\frac{25g}{100g + 25g} \times 100 = 20(\%)$$

그림 5-5   퍼센트 농도를 구하는 법

[문제] 퍼센트 농도 14%인 수크로스 수용액 100g에 물을 더해 퍼센트 농도 8%의 수크로스 수용액을 만들려면 물을 몇 g 추가하면 좋을까?

14%의 수크로스 수용액 100g에 녹아 있는 수크로스의 질량을 x g으로 한다.

계산할 필요도 없이 14g이지만 식을 세워서 확인하자.

$$14(\%) = \frac{x\,\mathrm{g}}{100\mathrm{g}} \times 100 \qquad x = 14(\mathrm{g})$$

더해야 할 물의 질량g을 y로 본다면

$$8(\%) = \frac{14\mathrm{g}}{100\mathrm{g} + y\,\mathrm{g}} \times 100$$

$$800 + 8y = 1400$$

$$8y = 600 \qquad y = 75(\mathrm{g})$$

→ 정답은 75g이다.

미량 성분의 농도

미량 성분의 농도를 표시할 때는 ppm, ppb 등의 단위가 사용됩니다. **ppm은 100만 분의 1로, 1ppm은 1×10^{-4}%에 해당하며 1kg의 용액에 용질 1mg이 함유되었을 때의 농도**입니다. ppm은 Parts Per Million의 줄임말로, 100만분율을 나타내는 단위죠. 10%의 식용 색소 용액을 만들어 한 방울을 뽑아내고 여기에 물 9방울을 떨어뜨리면 1% 용액이 됩니다(10배로 묽어짐).

여기에 추가로 10배씩 4번 희석시키면 0.0001%, 즉 1ppm이 됩니다. 더 이상 육안으로는 식용 색소의 색깔을 찾아볼 수 없지만 기계로는 검출이 가능한 한계 농도죠. 즉 색은 보이지 않더라도 식용 색소 1ppm이 함유되어 있음을 알 수 있고, 농도로 나타낼 수 있다는 뜻입니다.

최근에는 훨씬 작은 농도를 나타낼 필요성도 생겼습니다. ppb는 10억 분의 1, ppt는 1조 분의 1입니다.

퍼센트 농도 외에 몰농도라는 방식으로도 나타낼 수 있다

몰농도

몰농도란 용액 1L에 포함된 용질의 물질량을 나타내는 농도 개념(단위 기호 mol/L)입니다. 용액 1L에 용질이 0.1mol 녹아 있다면 0.1mol/L, 5mol 녹아 있다면 5mol/L이 됩니다.

$$몰농도\ mol/L = \frac{용질의\ 물질량\ mol}{용액의\ 부피\ L}$$

1mol/L 수용액 100mL(=0.1L) 안에는 1mol/L × 0.1L = 0.1mol의 용질이 녹아 있습니다.

그림 5-6 **몰농도의 계산**

[문제] 2g의 수산화소듐NaOH을 물에 녹여서 100mL로 만들었다. 수용액의 몰농도는 몇 mol/L일까? NaOH의 화학식량은 40이다.

몰질량을 구할 때는 항상 용액을 1L라고 생각한다.

이 용액 1L(=1000mL)에 NaOH는 $2g \times \dfrac{1000mL}{100mL} = 20g$ 녹아 있다.

NaOH 20g이 몇 mol인지를 구하면 되므로 구해야 할 물질량이 x mol이라면 NaOH의 몰질량은 40g/mol이다. 따라서 다음과 같다.

$x = \dfrac{w}{M} = \dfrac{20g}{40g/mol} = 0.5mol$ → 정답은 0.5mol/L이다.

1.00mol/L의 수용액을 만드는 법

1.00mol/L 염화소듐 수용액 100mL를 만들려면 NaCl의 몰질량 58.5g/mol에서 0.1몰인 5.85g을 물에 녹여서 용액 전체를 100mL로 만들어야 합니다. 구체적인 방법을 설명하자면 먼저 물질과 유리 비커, 메스실린더, 증류수를 준비합니다. 더 정확해야 할 때는 메스플라스크를 사용합니다. 정밀도는 '메스플라스크 > 메스실린더 > 비커' 순입니다.

예를 들어 1.00mol/L의 염화소듐NaCl 수용액 100mL(0.1L)를 만들 경우에는 1.00mol/L ×0.1L, 즉 0.100mol의 NaCl을 준비합니다. NaCl의 몰질량은 58.5g/mol이므로 NaCl 0.100mol은 58.5/mol×0.100mol, 즉 5.85mol이 됩니다. NaCl 5.85g을 물에 녹여서 전체를 100mL로 만들면 1.00mol/L 염화소듐 수용액 100mL가 만들어집니다.

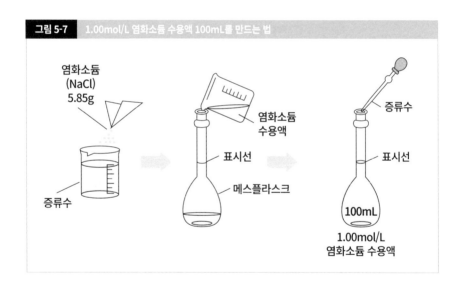

| 그림 5-7 | 1.00mol/L 염화소듐 수용액 100mL를 만드는 법 |

퍼센트 농도를 몰농도로 환산하기

용액과 관련된 반응을 알아볼 때 퍼센트 농도는 불편하죠. 그러므로 반응하는 용질의 입자 수, 즉 물질량을 알 수 있는 몰농도를 사용해야 합니다. **퍼센트 농도를 몰농도로 환산할 때는 수용액 1L를 기준으로 생각합니다.**

그림 5-8 몰농도를 구하는 법

[문제] 20% 수산화소듐 수용액(밀도 1.2g/cm³)의 몰농도는 몇 mol/L인가?
NaOH의 화학식량은 40이다.

우선 수용액은 1L(=1000cm³)로 가정한다.

부피cm³에 밀도g/cm³를 곱해서 질량g를 구한다.

수용액 1L의 질량은, 1000cm³ × 1.2g/cm³ = 1200g

여기서 20%가 용질인 NaOH이므로, $1200g \times \dfrac{20}{100} = 240(g)$

구해야 할 NaOH의 물질량을 x mol이라고 한다면

$$x = \frac{w}{M} = \frac{240g}{40g/mol} = 6mol \qquad \rightarrow 정답은 6mol/L이다.$$

몰농도mol/L는 수용액 1L당 용질의 물질량mol이므로 수용액 1L에 함유된 용질의 질량g을 구해서 물질량mol을 구합니다. 퍼센트 농도는 **'용액 속 용질의 질량비'**입니다. 여기서도 물질량 n mol, 질량 w g, 몰질량 M g/mol일 때의 공식인 n mol $= \dfrac{w\,g}{M\,g/mol}$ 이 활약합니다.

몰농도로 용액 속 용질이 일으키는 반응의 양적관계를 알 수 있다

용액의 몰농도를 알고 있을 경우, 부피만 알면 그 안에 포함된 물질이 몇 mol인지, 그리고 용액 간에 화학 반응이 벌어졌을 때 각각 몇 mol씩 반응을 일으켰는지도 알 수 있습니다. 각각 몇 mol씩 반응했는지를 알면 각각 몇 g(혹은 몇 L)씩 반응했는지도 알 수 있죠.

그림 5-9 몰농도로 염화은 침전물의 질량 구하기

[문제] 0.100mol/L의 질산은$AgNO_3$ 수용액 200mL와 0.300mol/L의 염화소듐NaCl 수용액 100mL를 섞었을 때 생겨나는 염화은AgCl 침전물의 질량은 몇 g인가? Cl의 원자량은 35.5, Ag의 원자량은 108이다(유효숫자는 세 자리).

이 반응에서는 AgCl만 물에 녹지 않으므로 침전물(흰색)이 생겨난다.

$$AgNO_3 + NaCl \rightarrow AgCl + NaNO_3$$

실제로 일어나는 반응은 $Ag^+ + Cl^- \rightarrow AgCl$이다.

Ag^+과 Cl^-은 물질량 1:1로 반응한다. 적은 물질량 쪽이 전부 반응하므로 그 물질량과 동일한 양의 AgCl이 생겨난다.

Ag^+의 물질량은 0.100mol/L × 0.200L = 0.0200mol

Cl^-의 물질량은 0.300mol/L × 0.100L = 0.0300mol

Ag^+ 물질량이 더 적으므로 Ag^+은 전부 반응한다. Cl^-은 전부 반응하지 않고 0.0300mol − 0.0200mol = 0.0100mol 남는다.

따라서 0.0200mol의 AgCl이 생겨난다.

AgCl의 몰질량은 143.5g/mol이므로, AgCl은 143.5g/mol × 0.0200mol = 2.87g이다.

기체 1mol의 부피는 물질의 종류와 무관하게 동일하다

아보가드로의 법칙

기체가 특정 온도나 압력하에서 특정한 부피를 갖는다 해도, 온도나 압력이 변하면 부피도 달라지고 말죠. 따라서 기체의 부피를 생각할 때는 동일한 조건(같은 온도·압력)을 기준으로 합니다. **온도·압력이 동일하며 동일한 부피 안에 존재하는 기체 분자의 수는 기체의 종류와 무관하게 같다**는 사실이 알려져 있죠. **'동일한 온도와 압력에서 부피가 같은 기체는 같은 수의 분자를 갖는다'**를 아보가드로의 법칙이라고 합니다.

예를 들어 0°C, 1013hPa(1atm)에서 기체 1mol의 부피는 기체의 종류와 무관하게 22.4L가 됩니다. 0°C, 1013hPa라는 조건에서 기체의 부피를 알고 있을 경우, 이 기체의 물질량은 다음과 같습니다.

$$물질량\ mol = \frac{기체의\ 부피\ Lmol}{22.4L/mol}$$

수소처럼 가벼운 기체도, 화학식량이 수소의 16배인 산소도 1mol이 모였을 때 부피는 모두

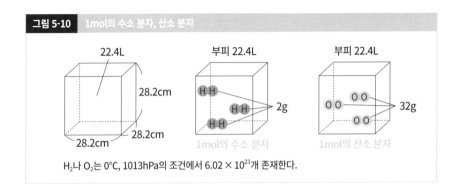

그림 5-10 1mol의 수소 분자, 산소 분자

H_2나 O_2는 0°C, 1013hPa의 조건에서 6.02×10^{23}개 존재한다.

22.4L입니다. 수소H_2 1mol의 질량은 2g, 산소O_2 1mol의 질량은 32g으로, 해당 기체 분자의 화학식량에 g를 붙인 값이죠.

그림 5-11 프로페인 연소의 계산

[문제] 프로페인C_3H_8이 연소되면 이산화탄소와 물이 생겨난다. 여기서 C의 원자량은 12, O의 원자량은 16, H의 원자량은 1.0이다.
(1) 이 반응의 화학 반응식을 기입하라.
(2) 프로페인 11g이 연소될 때 생겨나는 물은 몇 g인가?
(3) 0℃, 1013hPa(=1atm)에서 1.0L의 프로페인이 연소될 때 필요한 산소의 부피는 몇 L인가? 또한 공기라면 몇 L 필요한가? 단, 공기 중에는 부피로 20%의 산소가 포함되어 있다고 가정한다.

(1) 화학 반응식은 다음과 같다.
$$C_3H_8 + 5O_2 \rightarrow 3CO_2 + 4H_2O$$

(2) 프로페인과 물의 단위가 질량이므로 화학 반응식의 계수에 따라 프로페인과 물의 화학식 밑에 물질량의 관계를 쓰고, 질량으로 고쳐둔다. 이어서 그 밑에 문제에서 언급된 질량을 넣는다. 생겨나는 물의 질량은 x g으로 가정한다.

	C_3H_8	+	$5O_2$	→	$3CO_2$	+	$4H_2O$
	1mol						4mol
질량	$1 \times 44g$						$4 \times 18g$
문제의 질량	11g						$x\,g$

비례식 혹은 대각선 공식으로 계산하면 다음과 같다. $1 \times 44x = 4 \times 18 \times 11$
$$x = 18g$$

(3) 프로페인과 물의 단위가 부피이므로 화학 반응식의 계수에 따라 프로페인과 산소의 화학식 밑에 물질량을 쓴다. 이 물질량은 부피 관계이기도 하다. 이어서 그 밑에 문제에서 언급된 부피를 넣는다. 필요한 산소의 부피는 y L로 가정한다.

	C_3H_8	+	$5O_2$	→	$3CO_2$	+	$4H_2O$
	1mol		5mol		3mol		4mol
질량	1		5				
문제의 질량	1.0L		y L				

비례식 혹은 대각선 공식으로 계산하면 다음과 같다. $1 \times y = 5 \times 1.0$
$$y = 5.0(L)$$

공기 중에서 산소의 부피비가 20%라면, 공기는 그 5배이며 여기에는 산소가 포함되므로 공기는 25L이다. 계산식은 다음과 같다. $5.0\,L \times \dfrac{100}{20} = 25L$

보일·샤를의 법칙으로 기체의 분자 운동과 절대온도를 알 수 있다!

기체 분자는 이리저리 휙휙

각각의 기체 분자에 주목해 기체를 미시적으로 다루는 사고방식을 분자운동론이라고 합니다. 기체는 수많은 분자가 이리저리 휙휙 날아다니고 있죠. 분자의 속도는 기체의 온도가 높을수록 빨라집니다. 다시 말해 **온도가 높으면 분자의 운동 에너지는 평균적으로 높아지고, 온도가 낮으면 평균적으로 낮아진다**는 뜻입니다. '평균적'이라고 말한 이유는 어떤 온도의 기체 분자 중에는 빠른 분자도 있지만 느린 분자도 있기 때문입니다. 또한 온도에 따라 빠른 분자가 많아지기도, 느린 분자가 많아지기도 합니다. **온도가 낮을 때보다 온도가 높을 때 빠른 분자가 많아집니다.** 이러한 분포의 평균을 고려하는 것이죠.

기체의 압력은 기체의 분자 운동이 원인

운동하는 기체 분자가 용기의 벽면에 부딪히면 벽에 힘이 가해집니다. 이때 단위 면적($1m^2$)에 작용하는 힘이 바로 압력입니다. 압력은 파스칼(기호 Pa)이라는 단위로 나타냅니다.

1Pa는 $1m^2$의 면적에 1N의 힘이 작용했을 때의 압력입니다. 즉 $1Pa = 1N/m^2$이죠. 일기 예보 등에서 나오는 대기

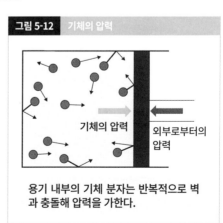

그림 5-12 │ 기체의 압력

기체의 압력

외부로부터의 압력

용기 내부의 기체 분자는 반복적으로 벽과 충돌해 압력을 가한다.

압은 수치가 크기 때문에 일반적으로는 헥토파스칼[hPa(1hPa = 100Pa)]로 나타냅니다.

보일의 법칙

기체의 압력과 부피 사이에는 **'온도가 일정할 때 기체의 부피V는 압력P에 반비례한다'**는 관계가 있습니다. 이를 보일의 법칙이라고 합니다. 이 관계는 PV = k(k는 일정)로 나타냅니다.

기체를 팽창시켜서 부피를 2배로 늘리면 단위 부피에 포함되는 기체 분자의 수는 반으로 줄어들고, 용기의 벽에 분자가 충돌하는 횟수도 줄어듭니다. 따라서 온도가 일정하다는 조건에서는 기체의 압력도 반으로 줄어들게 되죠.

주변으로부터 압력이 가해지면(〈그림 5-12〉에 표시된 외부로부터의 압력) 부피가 작아집니다. 단위 부피당 기체 분자의 수는 많아지므로 벽과 충돌하는 분자의 수도 늘어나죠. 즉 **부피가 작아지면 압력은 강해집니다.**

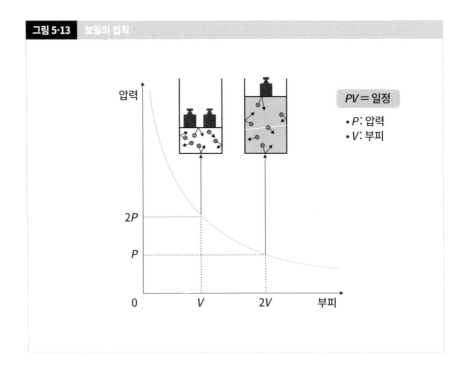

그림 5-13 보일의 법칙

192

샤를의 법칙

기체의 부피와 온도 사이에는 '**압력이 일정할 때 기체의 부피V는 온도$t°C$가 1도 올라갈 때마다 0°C일 때의 부피V_0에서 1/273°C씩 증가한다**'는 관계가 있습니다. 이를 샤를의 법칙이라고 합니다. **온도가 높아지면 기체 분자의 열운동 속도가 증가해 기체 분자가 벽에 충돌하며 가하는 압력이 강해집니다.** 주변으로부터 가해지는 압력이 동일하다면 용기 속 기체의 부피가 늘어납니다.

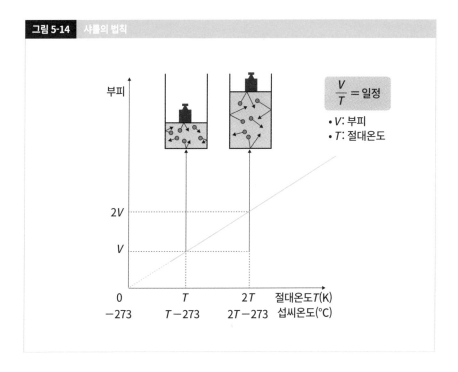

그림 5-14 　샤를의 법칙

샤를의 법칙을 극한 상황까지 가정하면?

샤를의 법칙이 모든 온도에서 성립한다고 가정해보겠습니다. 그러면 온도가 내려감에 따라 부피 역시 줄어듭니다. 그러다 $T = -273°C$에서는 $V = 0$이 되겠죠. 부피는 마이너스가 될 수 없으니 **−273°C 이하의 온도는 존재하지 않는다는 뜻이 됩니다.**

영국의 켈빈은 이 −273℃를 가장 낮은 온도로 보고 절대영도라는 이름을 붙였습니다. 이 온도를 기준으로 삼고, 온도 간격은 섭씨온도와 동일한 눈금으로 나타낸 온도를 절대온도라고 합니다.

절대온도는 단위 기호 K(켈빈이라고 읽음)를 이용해서 나타냅니다. 기체의 부피가 일정할 경우에는 절대영도에서 압력이 0이 됩니다. 즉 분자가 벽을 누르는 열운동이 정지한다는 뜻이죠. 따라서 물질의 온도는 이보다 낮아질 수 없습니다. 절대온도를 이용하면 그림의 그래프는 원점을 지나므로 이 법칙은 '압력이 일정할 때 기체의 부피V는 절대온도T에 비례한다'라고도 표현할 수 있습니다. 절대온도를 T로 본다면 $V = k'T$ 혹은 $V/T = k'$(k'는 일정)라는 공식으로 나타냅니다.

절대온도T와 섭씨온도t 사이에는 $T = t + 273$라는 관계가 있습니다. 참고로 극저온 조건에서는 초전도, 초유동 등 일반적 온도에서는 관측되지 않는 특이한 현상을 확인할 수 있죠.

미시적 관점에서 보는 온도

물질은 원자, 분자, 이온으로 이루어져 있습니다. 이 입자들은 온도나 열에 대해 알아볼 경우에는 동일하므로 분자로 이루어져 있다고 가정하겠습니다.

모든 분자는 항상 격렬하고 복잡하게 운동하고 있습니다. 이 운동을 열운동이라고 합니다. **고체의 경우는 부들부들 떨리는 진동**이라는 운동을 합니다.

온도란 미시적 관점에서 보자면 분자가 얼마나 운동을 열심히 하는지를 나타내는 정도입니다. **열심히 운동하면 고온, 얌전하면 저온**인 셈이죠. 온도가 낮아진다는 말은 분자의 운동이 점점 완만해진다는 뜻입니다. 그러다 결국 분자는 운동을 멈추게 됩니다. **분자의 운동이 멎었을 때의 온도가 바로 −273.15℃로, 이보다 낮은 온도는 존재하지 않습니다.**

그렇다면 높은 온도는 어떨까요? 분자가 계속해서 운동하면 온도는 높아집니다. 몇 만 도, 몇 억 도, 몇 조 도도 가능하죠(이때 분자는 파괴되어 플라스마라는 상태가 됩니다).

보일의 법칙과 샤를의 법칙을 조합해보자

일정한 온도에서 일정한 질량을 갖는 기체의 부피 V는 압력 P에 반비례한다. 이를 보일의 법칙 이라고 합니다. 압력을 P_1에서 P_2로 변화시켜서 부피가 V_1에서 V_2로 변화했다면 다음의 식이 성립됩니다.

$$P_1 V_1 = P_2 V_2 = \text{일정}$$

한편 압력과 질량이 일정할 때, 기체의 절대온도 T가 부피 V에 반비례하는 것을 샤를의 법칙 이라고 합니다. 온도를 T_1에서 T_2로 변화시켜서 부피가 V_1에서 V_2로 변화했다면 다음의 식이 성립됩니다.

$$\frac{V_1}{T_1} = \frac{V_2}{T_2} = \text{일정}$$

그리고 보일의 법칙과 샤를의 법칙을 조합한 보일·샤를의 법칙이 성립됩니다. **'질량이 일정할 때, 기체의 부피 V는 절대온도 T에 비례하며 압력 P에 반비례한다'**가 바로 보일·샤를의 법칙입니다.

$$\frac{PV}{T} = \text{일정}$$

온도를 T_1에서 T_2로, 압력을 P_1에서 P_2로, 부피가 V_1에서 V_2로 변화했다면 다음과 같습니다.

$$\frac{P_1 V_1}{T_1} = \frac{P_2 V_2}{T_2} = \text{일정}$$

보일·샤를의 법칙을 적용할 경우, **온도 T는 반드시 절대온도를 사용해야 하며 좌변과 우변**

에서 압력과 부피의 단위는 동일해야 합니다.

보일·샤를의 법칙에서 기체의 상태 방정식으로

기체의 물질량 1mol의 무게를 재보겠습니다. 이는 **기체의 화학식량(분자량)에 단위 g를 붙인 질량으로, 0℃, 1013hPa(=1atm)에서 부피는 22.4L가 됩니다.**

$$\frac{PV}{T} = 일정 = R \qquad 즉\ PV = RT$$

물질량을 n mol이라고 한다면 부피는 1mol일 때의 n배가 되므로 $PV = nRT$가 성립합니다. 이를 기체의 상태 방정식이라고 합니다.

기체 상수

273K(=0℃), 1013hPa일 때, 기체의 부피는 22.4L/mol입니다(1hPa = 100Pa). 이를 기체의 물질량이 1mol일 때의 기체 상수 R의 식에 대입해서 계산합니다.

$$R = \frac{PV}{T} = \frac{1013hPa \times 22.4L/mol}{273K} = 83hPa \cdot L/(mol \cdot K)$$
$$= 8.3 \times 10^3 Pa \cdot L/(mol \cdot K)$$

기체의 상태 방정식을 통해 기체의 화학식량(분자량)을 구할 수 있다

기체의 물질량을 M g/mol이라고 한다면 이 기체 w g의 물질량 n mol은 $n = \dfrac{w}{M}$입니다. 이를 기체의 상태 방정식에 대입하면 $PV = \dfrac{wRT}{M}$이 됩니다. 따라서 다음과 같습니다.

$$M = \frac{wRT}{PV}$$

앞에 나온 식에 따라 **특정 온도와 압력에서 기체의 부피와 질량을 측정하면 분자량 M을 구할 수 있습니다.**

그림 5-15   기체의 상태 방정식 이용하기

[문제] 27°C, 3.0 × 10⁵Pa의 조건에서 415mL를 점유하는 산소는 몇 g인가? 산소의 원자량은 16, 기체 상수는 R = 8.3 × 10³Pa·L/(K·mol)이다.

우선 기체의 상태 방정식으로 물질량 n을 구한다. 이때 기체 상수의 단위에 주의한다. 압력은 Pa, 부피는 L이다. 또한 온도는 반드시 절대온도를 사용한다. 온도 27°C → 300K, 부피 415mL → 0.415L.

$$n = \frac{PV}{RT} = \frac{3.0 \times 10^5 \text{Pa} \times 0.415\text{L}}{8.3 \times 10^3 \text{Pa}\cdot\text{L}/(\text{K}\cdot\text{mol}) \times 300\text{K}}$$

$$= 5.0 \times 10^{-2} \text{mol}$$

이는 유효숫자가 두 자리임을 고려한 물질량의 값이다. 산소O_2의 몰질량은 32g/mol이므로,

$$32\text{g/mol} \times 5.0 \times 10^{-2}\text{mol} = 1.6\text{g}$$

기체의 상태 방정식과 더불어 이 식을 외우기보다는 기체의 상태 방정식에서 물질량 n mol을 구하고 여기서 $n = w/M$으로 M을 구하는 편이 나을 듯합니다.

참고로 이 식에는 기체의 밀도 d g/L가 숨어 있는데 찾으셨나요? 기체는 같은 물질의 액체나 고체에 비해 부피가 약 1000배나 됩니다. 따라서 일반적으로는 1cm³당 질량g이 아닌 1L(1000cm³)당 질량g의 수치를 사용하기 때문에 g/L이라는 단위를 씁니다.

$M = \dfrac{wRT}{PV}$에서 w/V가 밀도이므로, $d = w/V$로 본다면 이 식은 다음과 같아집니다.

$$M = \frac{dRT}{P}$$

기체의 밀도를 구해야 할 경우, 공식은 $PV = nRT$와 $n = w/M$을 기억해두고 필요에 따라 $M = wRT/PV = dRT/P$를 사용하면 됩니다.

그림 5-16　기체의 분자량을 구하는 방법

[문제] 어떤 기체 10g은 27°C, 1.0×10^5Pa에서 8.3L의 부피를 점유한다. 이 기체의 분자량을 구하여라. 기체 상수는 $R = 8.3 \times 10^3$Pa·L/(K·mol)이다 (유효숫자는 두 자리).

분자량 M이 포함된 식을 써도 되지만 PV/nRT가 더 쉽다. 이 식으로 물질량 n을 구한 뒤, $n = w/M$에서 M을 구한다.

$$n = \frac{PV}{RT} = \frac{1.0 \times 10^5 \text{Pa} \times 8.3\text{L}}{8.3 \times 10^3 \text{Pa·L/(K·mol)} \times 300\text{K}}$$

$$= 0.33\text{mol}$$

$n = \dfrac{w}{M}$이므로

$$M = \frac{w}{n} = \frac{10\text{g}}{0.33\text{mol}} = 30(\text{g/mol})$$

[기체의 밀도가 포함된 문제]
27°C, 1.0×10^5Pa이며 밀도가 2.0g/L인 기체의 분자량은 얼마인가? 기체 상수는 $R = 8.3 \times 10^3$Pa·L/(K·mol)이다(유효숫자는 두 자리).

기체의 상태 방정식에서 $M = wRT/PV = dRT/P$를 도출해서 식에 수치를 대입해도 되지만 여기서는 암기할 부분을 최소한으로 줄이고자 우선 물질량 n을 구한 뒤 분자량을 구하는 방법으로 풀어보겠다.
　밀도 2.0g/L은 1L가 있다면 2.0g이라는 뜻이다. 여기서 27°C, 1.0×10^5Pa, 1L의 물질량을 구한다.

$$n = \frac{PV}{RT} = \frac{1.0 \times 10^5 \text{Pa} \times 1\text{L}}{8.3 \times 10^3 \text{Pa·L/(K·mol)} \times 300\text{K}}$$

$$= 0.040\text{mol}$$

$$M = \frac{w}{n} = \frac{2.0\text{g}}{0.040\text{mol}} = 50(\text{g/mol})$$

이상적인 기체와 실제의 기체를 구별해서 생각하기

이상 기체와 실제 기체

아보가드로의 법칙은 '어떠한 기체든 온도와 압력이 동일하다면 같은 부피 안에 동일한 수의 분자를 갖는다. 예를 들어 0°C, 1.013×10^5Pa(＝1013hPa)에서 1mol인 기체는 모두 22.4L를 점유한다'는 내용이었습니다. 또한 보일·샤를의 법칙 역시 기체의 종류를 불문하고 성립한다는 말씀을 드렸죠. 기체의 상태 방정식 역시 샤를-보일의 법칙에서 도출됩니다.

　샤를의 법칙에 따르면 기체의 부피는 기체의 종류와 무관하게 일정한 압력하에서 온도 1°C가 높아지고 낮아짐에 따라 0°C일 때의 부피에서 1/273씩 증가하거나 감소합니다. 그러면 기체는 절대온도 0K(＝−273°C)까지 기체 상태로 남아 있어야 합니다.

　하지만 공기를 예로 들자면 −183~−196°C 정도가 되면 산소가 액체로 변하고, 이어서 질소가 액체로 변하면서 급격하게 부피가 줄어들어 기체의 상태 방정식이 성립하지 않게 됩니다. 쉽게 말해 실제 기체에서는 보일·샤를의 법칙이 성립되지 않는다는 뜻입니다. 따라서 보일·샤를의 법칙 등이 성립되는 기체를 이상 기체, 현실의 기체를 실제 기체로 구별해서 생각하게 되었죠.

　보일·샤를의 법칙, 기체의 상태 방정식이 성립되는 이상 기체는 **①기체의 부피에 비해 각 분자의 부피는 무시할 수 있을 정도로 작으며, ②분자간 힘을 무시할 수 있는** 기체를 말합니다. 다행히 상온과 일반 기압에서는 실제 기체도 분자간 힘을 무시할 수 있을 정도로 열운동이 활발하고, 분자 자체의 부피를 무시할 수 있을 만큼 기체가 차지하는 공간의 부피가 크기 때문에, 다시 말해 압력이 작기 때문에 이상 기체로 간주되는 것이죠.

실제 기체의 경우 이 두 가지 조건을 무시하기란 불가능하므로 압력과 부피에 약간의 보정이 필요합니다. 실제 기체는 분자가 드문드문하게 존재할 경우 ①이나 ②의 조건에 부합되므로 **'압력이 낮고', '온도가 높은' 조건에서는 이상 기체에 가까워집니다.**

그 이유는 **실제 기체의 경우 온도가 극단적으로 낮아지면 기체 분자의 열운동에 비해 분자간 힘을 무시할 수 없어지므로 분자는 서로를 끌어당기고, 한층 부피가 작아지려 하기 때문입**니다. 극단적인 저온이 아니라 해도 온도가 낮을수록 이상 기체의 성질에서 벗어날 것으로 예상됩니다.

기체의 압력 역시 이와 마찬가지입니다. 기체의 압력을 높여나가면 보일의 법칙에 따라 부피가 줄어듭니다. 기체 분자간의 거리가 점점 좁아지고 기체가 차지하는 부피 안에서 기체 분자 자신의 비율이 점차 높아지죠. 따라서 이 기체의 성질은 이상 기체가 나타내야 할 성질에서 점점 벗어나게 됩니다.

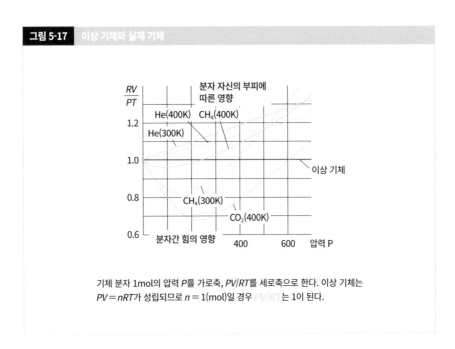

그림 5-17 이상 기체와 실제 기체

기체 분자 1mol의 압력 P를 가로축, PV/RT를 세로축으로 한다. 이상 기체는 $PV = nRT$가 성립되므로 $n = 1$(mol)일 경우 PV/RT는 1이 된다.

제 6 장

산·염기와
산화환원

제6장 요약

6장에서는 산과 염기, 산화환원을 중심으로 다루려고 합니다.

중학교 과학 수업 때는 리트머스 종이에 수용액을 떨어뜨리고 파란색에서 빨간색으로 변하면 산성, 빨간색에서 파란색으로 변하면 알칼리성이라고 배우죠. 산은 수용액 안에서 수소 이온을 내놓는 물질, 알칼리는 물에 녹아 수산화물 이온을 내놓는 물질입니다. 이를 고등학교 화학 수업에서는 아레니우스의 산·염기의 정의로 배웁니다. 아레니우스는 산은 물에 녹아 수소 이온H^+을 방출하는 물질, 염기는 물에 녹아 수산화물 이온OH^-을 방출하는 물질이라고 정의했습니다. 반면 산화환원에 대해 중학교 과학 수업에서는 어떤 물질이 산소와 결합하는 화학 변화를 산화, 산화물이 산소를 잃는 화학 변화를 환원이라고 배웁니다.

산소의 주고받음으로 산화환원을 정의했던 중학교 과학과 달리 고등학교 화학 수업에서는 원자가 전자를 방출하는 현상을 산화, 원자가 전자를 받는 현상을 환원, 즉 전자의 주고받음으로 정의합니다. 또한 산화와 환원이 한 쌍으로 동시에 발생하는 반응을 가리켜 산화환원 반응이라고 하죠.

산화환원을 산소가 아닌 전자를 주고받는 것으로 정의한다면 적용되는 범위가 단숨에 늘어나게 됩니다.

아레니우스의 정의

- 산은 물에 녹아 수소 이온H$^+$을 방출하는 물질
- 염기는 물에 녹아 수산화물 이온OH$^-$을 방출하는 물질

중화

중화란 염산과 수산화소듐의 반응과 마찬가지로 산과 염기가 반응해 서로의 성질을 지워버리는 것

산화환원

- 산화란 어떤 물질이 산소와 결합하는 화학 변화
- 환원이란 산화물이 산소를 잃는 화학 변화

전지

- 음극활물질과 양극활물질
- 다니엘 전지, 1차 전지와 2차 전지, 납축전지

전기분해

용융염 전해

무수 화합물을 고온으로 가열해 용융염으로 만든 후, 전기분해로 이온화 경향이 큰 금속을 얻어내는 방법

고등학교 화학 시간에 배우는 내용은 대부분 아레니우스의 산·염기의 정의

중학교 과학 시간에 배운 산·알칼리, 산성·알칼리성

식초나 염산은 시큼한 맛에 파란색 리트머스 종이를 빨간색으로 바꾸고, 아연이나 철 등의 금속을 넣으면 금속을 녹여 수소를 발생시킵니다. 이와 같은 성질을 산성이라고 합니다. 화합물 중 수용액이 산성을 띠는 것이 산입니다. **산이란 수용액에서 수소 이온을 내놓는 물질입니다.**

수산화소듐 수용액처럼 '산과 반응해 산성을 없애는' 성질, '빨간색 리트머스 종이를 파란색으로 바꾸는' 성질을 알칼리성이라 하며, 녹아 있는 물질을 알칼리라고 합니다. **알칼리는 물에 녹아 수산화물 이온을 내놓습니다.** 산과 알칼리를 반응시키면 서로의 성질을 없애는 **중화라는 화학 반응이 일어나죠. 중화는 산의 수소 이온과 알칼리의 수산화물 이온이 결합해 물이 생성되는 반응입니다.** 반면 물 이외에 산의 음이온과 알칼리의 양이온이 결합해서 생겨나는 물질을 염이라고 합니다.

여기까지가 중학교 과학 시간에 배우는 범위입니다. 고등학교 화학에서는 아레니우스의 산·염기의 정의를 배우게 됩니다. 바로 **'산이란 물에 녹아 수소 이온을 발생시키는 물질', '염기란 물에 녹아 수산화물 이온을 발생시키는 물질'**이라는 정의죠. 알칼리는 '염기 중 물에 잘 녹는 물질[$NaOH$, KOH, $Ba(OH)_2$ 등]로 이해하시면 됩니다.

아레니우스의 산·염기의 정의

1887년 **아레니우스**는 산을 **물에 녹아 수소 이온H^+을 내놓는 물질**이라고 정의했습니다.

HCl	→	H$^+$	+	Cl$^-$	※ →는 좌변이 모두 우변
염화수소		수소 이온		염화물 이온	으로, ⇌는 좌변의 일부
H$_2$SO$_4$	→	2H$^+$	+	SO$_4$$^{2-}$	가 우변으로 변함을 가
황산		수소 이온		황산 이온	리킨다.
CH$_3$COOH	⇌	H$^+$	+	CH$_3$COO$^-$	
아세트산		수소 이온		아세트산 이온	

아레니우스는 염기를 **물에 녹아 수산화물 이온OH$^-$을 내놓는 물질**이라고 정의했습니다. 암모니아는 물과 반응해 수산화물 이온을 내놓으므로 염기입니다. 참고로 '⇌'는 좌변에서 우변의 반응과 우변에서 좌변으로의 반응이 모두 일어나는 반응(가역 반응)을 가리킵니다.

NaOH		→	Na$^+$	+	OH$^-$	
수산화소듐			소듐 이온		수산화물 이온	
Ca(OH)$_2$		→	Ca^{2+}	+	2OH$^-$	
수산화칼슘			칼슘 이온		수산화물 이온	
NH$_3$	+ H$_2$O	⇌	NH$_4$$^+$	+	OH$^-$	
암모니아	물		암모늄 이온		수산화물 이온	

산의 가수, 염기의 가수

산 1분자에서 방출되는 H$^+$의 수를 산의 가수(價數)라 하는데, 염화수소나 아세트산은 1가 산입니다. 황 1분자는 H$^+$를 2개 방출하므로 2가 산이죠. 염기의 경우는 화학식 안에서 이온화를 일으켜 OH$^-$로 변하는 OH의 수를 염기의 가수라고 합니다. 수산화칼슘은 OH$^-$가 될 수 있는 OH를 2개 갖고 있으므로 2가 염기입니다. 암모니아 분자는 물과 반응해 OH$^-$를 1개 내놓으므로 1가 염기로 봅니다. 산, 염기의 가수는 중화의 양적관계를 이해할 때 꼭 필요하죠.

물속에 수소 이온H$^+$은 존재하지 않는다

염화수소에서 수소와 염소는 공유 결합일까? 이온 결합일까?

비금속 원소 원자들의 결합은 공유 결합이므로 수소 원자와 염소 원자가 결합한 염화수소는 공유 결합입니다. 그런데 염화수소가 물에 녹아 $HCl \rightarrow H^+ + Cl^-$로 이온화하는 현상은 $NaCl$ $\rightarrow Na^+ + Cl^-$와 형태가 무척 흡사하죠. 그렇다면 염화수소에서 수소와 염소의 결합은 공유 결합과 이온 결합 중 어느 쪽일까요?

수소 이온H$^+$은 어떤 입자일까?

수소 이온H$^+$은 수소 원자 속에 하나뿐인 전자를 잃으면서 생겨나는 이온입니다. 이는 양성자 1개, 다시 말해 수소 원자핵 그 자체입니다. 수소 원자의 크기와 비교하면 양성자는 양전하를 띤 단순한 점에 불과하죠. 수소 원자와 비교한다면 양성자의 부피는 0이라고 봐도 될 수준입니다.

 양성자의 양전하는 극히 작은 표면적에 분포하고 있습니다. 단위 면적당 상당한 전기량을 지닌 셈이죠. **물 분자는 극성 분자이며 중심의 산소 원자는 음전하를 띠고 있습니다.** 따라서 물속의 수소 이온H$^+$은 가까운 물 분자H$_2$O를 끌어당겨서 강하게 들러붙어버립니다. 그리고 $H^+ + H_2O$의 과정을 통해 옥소늄 이온H$_3$O$^+$으로 변합니다. 사실 $HCl \rightarrow H^+ + Cl^-$은 간략하게 줄인 식이므로 실제 현상과는 다릅니다. 실제로는 다음과 같습니다.

$$HCl \quad + \quad H_2O \quad \rightarrow \quad H_3O^+ \quad + \quad Cl^-$$
염화수소   물   옥소늄 이온   염화물 이온

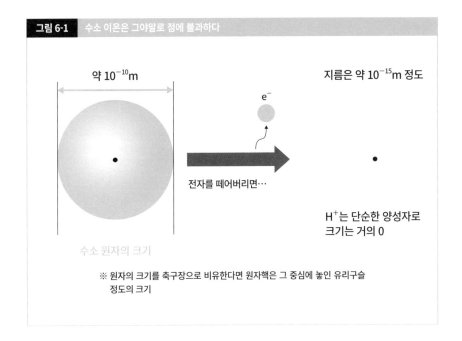

그림 6-1 수소 이온은 그야말로 점에 불과하다

약 10^{-10}m

지름은 약 10^{-15}m 정도

e^-

전자를 떼어버리면…

수소 원자의 크기

H^+는 단순한 양성자로 크기는 거의 0

※ 원자의 크기를 축구장으로 비유한다면 원자핵은 그 중심에 놓인 유리구슬 정도의 크기

황산, 아세트산 모두 실제로는 다음과 같습니다.

$$H_2SO_4 \quad + \quad 2H_2O \quad \rightarrow \quad 2H_3O^+ \quad + \quad SO_4^{2-}$$

$$CH_3COOH \quad + \quad H_2O \quad \leftrightarrows \quad H_3O \quad + \quad CH_3COO^-$$

pH나 중화 등의 반응을 알아볼 때, 사실은 옥소늄 이온 농도[H_3O^+]나 옥소늄 이온H_3O^+을 수소 이온 농도[H^+]나 수소 이온H^+으로 간략하게 줄입니다. 그럼에도 계산 결과 등은 변하지 않기 때문이죠. 참고로 **[H_3O^+]나 [H^+]처럼 화학식을 대괄호로 감쌀 때는 일반적으로 그 물질의 몰농도를 나타냅니다.** 염화수소의 수소 원자-염소 원자는 공유 결합으로, 염화수소 분자입니다. 물과 반응하면서 비로소 양이온과 음이온으로 나뉘는 것이죠.

만약 H와 Cl이 H^+와 Cl^-의 이온 결합이라면 쿨롱 힘(양전기와 음전기의 정전기적 힘)에 의해 강하게 결합하므로 염화수소는 상온에서는 기체가 아닌 이온 결정 상태여야만 합니다. 하지만 염화수소는 기체이니 H와 Cl의 결합은 이온 결합이 아닙니다.

온도가 일정하다면 물의 이온곱은 일정하다

물의 이온화와 이온곱

극히 일부지만 물은 다음과 같이 이온화합니다.

$$H_2O \quad \rightleftarrows \quad H^+ \quad + \quad OH^-$$

물론 실제로는 다음과 같습니다.

$$2H_2O \quad \rightleftarrows \quad H_3O^+ \quad + \quad OH^-$$

순수한 물의 경우, H^+와 OH^-의 몰농도 $[H^+]$와 $[OH^-]$는 동일한데, 25℃에서는 모두 10^{-7}mol/L입니다. 온도가 일정하다면 물의 이온곱$[H^+] \times [OH-]$은 일정합니다. 25℃의 경우 10^{-14}(mol/L)^{2}이죠. 물에 산이나 염기가 녹아 있더라도 물의 이온곱 수치는 변하지 않습니다.

수용액의 산성, 염기성의 세기를 나타내는 방식

물에 산을 녹이면 $[H^+]$이 10^{-7}mol/L보다 증가해 수용액은 산성으로 변합니다. 반대로 물에 염기를 녹이면 $[OH^-]$이 10^{-7}mol/L보다 증가해 수용액은 염기성으로 변하죠. 이때 $[H^+]$은 10^{-7}mol/L보다 감소합니다.

$[H^+] \times [OH^-] = 10^{-14}$(mol/L)^{2}이라면 수용액의 산성, 염기성의 세기는 $[H^+]$와 $[OH^-]$ 중 하나로 나타낼 수 있습니다. 한쪽이 정해지면 나머지 한쪽도 정해지기 때문입니다.

따라서 산성·염기성은 수소 이온의 농도 $[H^+]$로 나타내기로 했습니다. 수용액의 성질과 $[H^+]$, $[OH^-]$의 관계는 다음과 같습니다.

산성 $\quad [H^+] > 1.0 \times 10^{-7}$mol/L $> [OH^-]$

중성 $[H^+] = 1.0 \times 10^{-7} mol/L = [OH^-]$

염기성 $[H^+] < 1.0 \times 10^{-7} mol/L < [OH^-]$

산·염기의 수소 이온 농도는 대단히 광범위하게 변화하기 때문에 이 수치는 10의 지수 부호를 반대로 바꾼 수 x로 나타내면 편리합니다.

$[H^+] = 10^{-x} (mol/L)$

x의 값을 pH(수소 이온 농도 지수)라고 합니다. 예를 들자면 다음과 같습니다.

$[H^+] = 10^{-12} mol/L$일 경우, pH = 12

$[H^+] = 10^{-3} mol/L$일 경우, pH = 3

수소 이온 농도가 10배로 높아지면 pH는 1 작아집니다. 순수한 물은 중성으로 pH는 7입니다. 산성 수용액의 경우 pH는 7보다 작아지고, 염기성 수용액은 7보다 커지죠. pH는 대수를 사용하면 pH = $-\log[H^+]$로 나타냅니다.

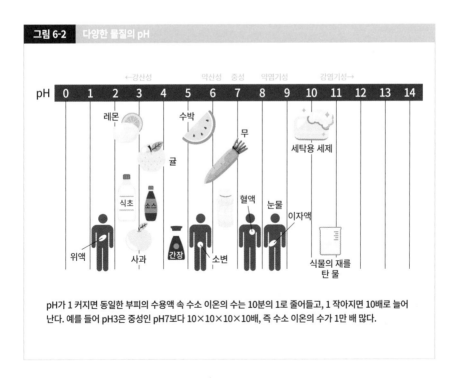

그림 6-2 다양한 물질의 pH

pH가 1 커지면 동일한 부피의 수용액 속 수소 이온의 수는 10분의 1로 줄어들고, 1 작아지면 10배로 늘어난다. 예를 들어 pH3은 중성인 pH7보다 10×10×10×10배, 즉 수소 이온의 수가 1만 배 많다.

산과 염기의 세기

수용액 속에서 거의 완전히 이온화한 산과 염기를 강산, 강염기라고 합니다. **이온화 정도는 이온화도 α로 나타내는데, 0 < α ≦ 1의 값으로 나타납니다. 완전히 이온화했다면 이온화도는 1입니다.**

강산 …   염산HCl   황산H_2SO_4 질산HNO_3

강염기 …   수산화소듐NaOH   수산화포타슘KOH

약산은 아세트산CH_3COOH, 옥살산$(COOH)_2$ 등, 약염기는 암모니아NH_3와 강염기를 제외한 금속 원소의 수산화물입니다. **약산, 약염기는 물에 녹이면 일부만 이온화합니다.**

$$이온화도 = \frac{이온화한\ 분자의\ 물질량\ mol}{녹아\ 있는\ 분자의\ 물질량\ mol}$$

산의 $[H^+]$는 다음과 같아집니다.

그림 6-3   ph를 구하는 법

[문제] 이온화도 1인 몰농도0.1mol/L 염산과 이온화도 0.01인 몰농도 0.1mol/L 아세트산의 pH는 각각 얼마인가?

염산은 1가 산으로 이온화도는 1(완전히 이온화)이므로,

	HCl	→	H^+	+	Cl^-
처음	0.1mol/L		0		0
이온화 후	0		0.1mol/L		0.1mol/L

염산 1L 안에는 0.1mol/L × 1L = 0.1mol의 H^+이 포함되어 있다.

   ⇒ $[H^+] = 10^{-1}$mol/L ⇒ pH = 1

아세트산은 1가 산으로 이온화도는 0.01이므로, 0.1mol 중 0.1 × 0.01 = 0.001mol/L가 이온화한다.

	CH_3COOH	⇆	H^+	+	CH_3COO^-
처음	0.1mol/L		0		0
이온화 후	(0.1-0.001)mol/L		0.1 × 0.01mol/L		0.1 × 0.01mol/L

아세트산 1L 안에는 0.1 × 0.01mol/L × 1L = 0.001mol의 H^+가 포함되어 있다.

   ⇒ $[H^+]$ = 0.001mol/L = 10^{-3}mol/L ⇒ pH = 3

$$[\text{H}^+] = \text{산의 가수} \times \text{산의 몰농도mol/L} \times \text{이온화도}$$

녹아 있는 1가의 산 1mol 중 0.017mol이 이온화했을 경우, 이온화도는 0.017이 됩니다.

염의 수용액의 성질

염화소듐NaCl 수용액은 중성이지만 아세트산소듐CH_3COONa 수용액은 염기성을 띠고, 염화암모늄NH_4Cl 수용액은 산성을 띱니다. 일반적으로 염의 수용액은 다음과 같은 성질을 나타냅니다.

강산 + 강염기 → 염의 수용액은 중성

약산 + 강염기 → 염의 수용액은 염기성

강산 + 약염기 → 염의 수용액은 산성

아세트산소듐 수용액이 염기성을 띠는 까닭

약산과 강염기, 강산과 약염기 염의 수용액이 각각 염기성, 산성을 띠는 이유는 염의 일부가 물과 반응해 OH^-나 H_3O^+을 만들어내기 때문입니다. 이 현상을 염의 가수분해라고 합니다. 아세트산소듐CH_3COONa은 수용액 속에서 아세트산 이온과 소듐 이온으로 이온화합니다.

$$CH_3COONa \rightarrow CH_3COO^- + Na^+$$

여기서 중요한 점은 **아세트산 이온CH_3COO^-은 물과 반응해 아세트산과 수산화물 이온으로 변해 염기성이 된다는 사실**입니다. 소듐 이온은 물과 반응하지 않으므로 그대로죠.

$$CH_3COO^- + H_2O \rightleftarrows CH_3COOH + OH^-$$

음이온 중에는 물과 반응하는 이온과 반응하지 않는 이온이 있습니다. 반응하는 이온은 아세트산 이온, 탄산 이온CO_3^{2-}, 탄산수소 이온HCO_3^- 등 약산의 이온화에서 발생하는 음이온입니다. 한편 반응하지 않는 이온은 염화물 이온Cl^-, 황산 이온SO_4^{2-}, 질산 이온NO_3^- 등 강산의 이온화에서 발생하는 음이온이죠.

염화암모늄이 산성을 띠는 까닭

암모늄 이온이 물과 반응해 H_3O^+을 발생시키므로 산성을 띱니다.

$$NH_4Cl \rightarrow NH_4^+ + Cl^-$$

$$NH_4^+ + H_2O \rightleftarrows NH_3 + H_3O^+$$

산과 염기의 중화를 통해 염과 물이 생겨난다

염산과 수산화소듐 수용액의 중화

염산과 수산화소듐의 반응처럼 산과 염기가 반응해 서로의 성질을 없애는 현상을 중화라고 합니다.

$$HCl + NaOH \rightarrow NaCl + H_2O$$

HCl, $NaOH$ 모두 수용액 안에서는 완전히 이온화(양이온과 음이온으로 뿔뿔이 흩어짐)하므로 앞의 식은 다음과 같이 쓸 수 있습니다.

$$H^+ + Cl^- + Na^+ + OH^- \rightarrow Na^+ + Cl^- + H_2O$$

Na^+과 Cl^-은 반응 전후로 변화하지 않으므로 양쪽 변에서 지우면 앞의 식은 다음과 같아집니다.

$$H^+ + OH^- \rightarrow H_2O$$

중화는 산에서 생겨나는 H^+와 염기에서 생겨나는 OH^-가 결합해 H_2O로 변하는 반응이므로 물이 생겨납니다. 물 이외에도 산의 음이온과 염기의 양이온이 결합된 염이 생겨나는데, 산이나 염기의 종류에 따라 생겨나는 염도 달라집니다.

| 그림 6-4 | 염산과 수산화소듐 수용액 |

산과 염기가 완전히 중화될 때 성립되는 관계식

중화 반응의 양적 관계

수소 이온H^+ 1개는 수산화물 이온OH^- 1개와 반응해 물H_2O이 되므로 동일한 물질량의 H^+ 와 OH^-가 함유된 산과 염기를 섞으면 완전히 중화됩니다. 이때 다음과 같습니다.

산의 가수 × 산의 물질량 = 염기의 가수 × 염기의 물질량

‖   ‖

H^+의 물질량 OH^-의 물질량

1mol/L의 염산 혹은 황산 1L에 포함된 H^+의 물질량은 각각 1(가) × 1mol/L × 1L = 1mol, 2(가) × 1mol/L × 1L = 2mol이 됩니다. 가수가 1인가 2인가에 따라 H^+의 물질량에는 큰 차이가 납니다. 농도 c mol/L의 용액의 경우, 용액 1L 안에 용질은 c mol이 포함되어 있으므로 용액 V L 안에는 $c \times V$ mol의 용질이 포함됩니다. 또한 a가의 산과 염기는 1 화학식당 a개의 H^+ 혹은 OH^-를 내놓기 때문에 용액에 포함된 H^+나 OH^-의 물질량은 가수와 몰농도mol/L과 부피L을 곱한 $a \times c \times V$ mol이 됩니다. 따라서 산과 염기가 완전히 중화될 때는 다음의 관계가 성립됩니다.

산의 가수a × 산 용액의 몰농도c × 산 용액의 부피V

= 염기의 가수a' × 염기 용액의 몰농도c' × 염기 용액의 부피V'

$acV = a'c'V'$

'0.01mol/L의 염산 10mL를 완전히 중화시키는 데 필요한 0.20mol/L의 수산화바륨 수용액은 몇 mL인가?'라는 문제를 보자. 이 경우 염산은 1가 산, 수산화바륨은 2가 염기이므로 다

음과 같다.

$$1 \times 0.10\text{mol/L} \times 10\text{mL}/1000 = 2 \times 0.20\text{mol/L} \times x\text{mL}/1000$$

$$x = 2.5\text{(mL)}$$

적정 곡선

적정(어떤 화합물의 용액에 산 혹은 염기를 단계적으로 더하며 pH의 변화를 측정하는 실험-옮긴이)에 따른 용액의 pH 변화를 나타낸 곡선을 적정 곡선이라고 합니다. **강산에 강염기 수용액을 첨가했을 때, 완전히 중화되는 지점(중화점)에 가까워지면 한 방울의 염기 수용액만으로도 H^+ 농도는 크게 변화합니다.** 중화점 부근은 H^+ 농도가 낮아서 중화 반응으로 OH^-와 결합해 물이 되는 H^+가 거의 없으므로 염기를 더하면서 생겨난 OH^-의 대부분이 H^+의 농도 변화에 영향을 미치기 때문입니다.

중화점을 통과한 이후로도 계속해서 염기 수용액을 더하면 처음에는 H^+의 농도가 크게 변화하지만 염기성 용액을 과도하게 넣으면 한 방울로는 잘 변화하지 않게 됩니다. 이미 수산화물 이온이 충분히 존재하기 때문이죠.

강산과 강염기의 중화 반응의 경우, 중화점 부근에서 pH7 부근을 중심으로 pH가 급격하게 변화하는 폭이 넓어지므로 지시약으로는 pH8 부근에서 변색이 시작되는 페놀프탈레인 용액

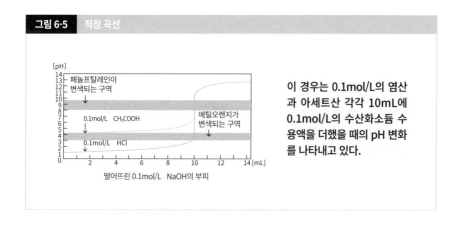

그림 6-5   적정 곡선

이 경우는 0.1mol/L의 염산과 아세트산 각각 10mL에 0.1mol/L의 수산화소듐 수용액을 더했을 때의 pH 변화를 나타내고 있다.

이 사용됩니다. 메틸오렌지도 사용할 수 있지만 페놀프탈레인 용액은 pH8 이상부터 무색에서 빨간색으로 변하므로 중화점을 무척 쉽게 확인할 수 있습니다. 약산과 강염기, 약염기와 강산을 이용해 중화 적정을 실시할 경우, 생성된 염이 가수분해를 일으키기 때문에 완전히 중화되는 지점(중화점)의 pH가 7에서 벗어나기 시작합니다. 예를 들어 아세트산이나 옥살산 등의 약산과 수산화소듐 등 강염기의 **중화를 측정할 때 페놀프탈레인 용액이 쓰이는 이유는 중화점이 염기성 쪽에 위치해 있기 때문입니다.**

산소를 빼고 생각해보는 산화환원

산화환원과 산소 교환

중학교 과학 시간에 배우는 산화환원을 가볍게 복습해볼까요. 구리Cu 가루를 공기 중에서 가열하면 산소와 결합해 검은색 산화구리(Ⅱ)CuO가 됩니다.

$$2Cu + O_2 \rightarrow 2CuO$$

또한 마그네슘Mg을 연소시키면 흰색 산화마그네슘MgO이 생성됩니다.

$$2Mg + O_2 \rightarrow 2MgO$$

이처럼 **어떤 물질이 산소와 결합했을 때, '물질은 산화되었다'**라고 표현하며 이 화학 반응을 산화라고 부릅니다. 산화구리(Ⅱ)CuO와 탄소C가 반응하면 구리와 이산화탄소가 생겨나죠.

$$2CuO + C \rightarrow 2Cu + CO_2$$

이처럼 반대로 **산화물이 산소를 잃으면 '물질은 환원되었다'**라고 표현하며 이 화학 반응을 환원이라고 합니다.

산화환원과 전자 교환

구리Cu가 산소와 반응해 산화구리(Ⅱ)CuO로 변하는 현상을 전자의 교환이라는 관점에서 살펴볼까요. CuO는 구리(Ⅱ) 이온Cu^{2+}과 산화물 이온O^{2-}으로 이루어진 이온 결정입니다. 구리 원자는 산소 원자에게 전자 2개를 주고 Cu^{2+}로, 산소 원자는 전자 2개를 받아 O^{2-}으로 변하며 이온 결합을 일으킵니다. 이 경우 구리 원자가 산화구리(Ⅱ)로 변할 때, 다시 말해 구리가 산화되었을 때 전자e^-를 잃게 됩니다.

$$2Cu \rightarrow 2Cu^{2+} + 4e^- \quad \text{①}$$

$$O_2 + 4e^- \rightarrow 2O^{2-} \quad \text{②}$$

그럼 다음으로는 산소와 결합하거나 산소를 잃지 않는 반응을 살펴봅시다. 가열한 구리선을 염소 안에 넣으면 격렬하게 반응하며 염화구리(II)$CuCl_2$를 만들어냅니다.

$$Cu + Cl_2 \rightarrow CuCl_2$$

이 경우에도 구리 원자는 전자 2개를 각각의 염소 원자에게 주고 구리(II) 이온Cu^{2+}으로 변합니다.

$$Cu \rightarrow Cu^{2+} + 2e^- \quad \text{③}$$

$$Cl_2 + 2e^- \rightarrow 2Cl^- \quad \text{④}$$

전자를 주고받는 경우에는 ①과 ③은 전자를 넘겨주고 ②와 ④는 전자를 건네받으므로 동일합니다. **일반적으로 원자가 전자를 잃을 때, '그 원자는 산화되었다'고 표현합니다.** 구리와 산소, 염소와의 반응에서 산소 원자나 염소 원자는 각각 전자를 받아 산화물 이온O^{2-}이나 염화물 이온Cl^-으로 변했습니다.

또한 **일반적으로 원자가 전자를 받을 때, '그 원자는 환원되었다'고 표현하죠.** 반응이 일어났을 때 어떤 원자가 전자를 잃으면 어떤 원자는 그 전자를 받게 됩니다. 따라서 **산화와 환원은 짝을 이루어 동시에 일어납니다.**

산화와 환원이 일어나는 반응을 산화환원이라고 합니다. 전자의 교환이라는 관점에서 산화환원을 정의하면 산소의 교환이라는 관점에서 정의했을 때보다 적용되는 범위가 넓어지죠.

그림 6-6 전자의 교환과 산화환원

산소를 얻는다: 산화

$$2Cu + O_2 \rightarrow 2CuO$$

산소를 잃는다: 환원

전자를 내보낸다

산화: $Cu \rightarrow Cu^{2+} + 2e^-$
환원: $O + 2e^- \rightarrow O^{2-}$

전자를 얻는다

산화수에 따라 그 반응이 산화인지 환원인지를 판단할 수 있다

산화수란 무엇인가?

본래 산화란 '산소와의 반응(화합)'이며 환원이란 '산화물에서 산소를 제거하는 반응'이었습니다. 하지만 앞서 보았듯이 구리를 예로 들자면 산소와 반응해 산화구리(Ⅱ)가 되지만, 염소와도 발열 반응을 일으켜 갈색 연기와 함께 염화구리(Ⅱ)가 됩니다. 구리에 주목해보면 이 두 반응 모두에서 구리(Ⅱ) 이온으로 변함을 알 수 있죠.

구리와 산소의 반응, 구리와 염소의 반응 모두 구리가 전자를 방출하고 구리(Ⅱ) 이온으로 변합니다. 산화환원을 전자의 이동이라는 관점에서 보면 전자를 잃는(방출하는) 것을 산화, 반대로 전자를 얻는(건네받는) 것을 환원이라고 합니다. 이렇게 화학자들은 산화와 환원이라는 반응을 더욱 확장시켰습니다. 더 이상 산화는 산소와의 화합이라고만 볼 수는 없어졌죠.

하지만 구리 원자⇄구리(Ⅱ)이온, 산소 분자⇄산화물 이온 같은 경우는 전자의 이동이 뚜렷하므로 상관없었지만 원자가 공유 결합으로 이루어진 분자간의 산화 환원은 어떻게 해야 할까요.

여기서 산화수라는 개념이 등장합니다. A 원자와 B 원자가 공유 결합을 일으켜 AB라는 분자로 변했을 때, A 원자와 B 원자가 지닌 공유 전자쌍을 끌어당기는 성질(힘)에 차이가 있다면 공유 전자쌍은 더욱 강하게 끌어당기는 원자 쪽으로 치우치게 됩니다. 참고로 주기율표에 실린 원소의 위치나 7장의 '전기음성도'라는 수치를 통해 어느 쪽이 공유 전자쌍을 끌어당기는지 알 수 있습니다.

A 원자와 B 원자 중 음성이 강한 쪽으로 공유 전자쌍이 완전히 끌려간다고 가정하겠습니다.

말하자면 이온 결합처럼 공유 결합에도 2개의 원자간에 전자의 교환이 발생했다고 가정한다는 뜻입니다.

　예를 들어 물 분자의 경우, 음성이 강한 산소 원자로 산소 원자-수소 원자간의 공유 전자쌍이 완전히 이동한다고 가정하겠다는 거죠. 이때 산소 원자는 2개의 수소 원자에서 전자를 1개씩 끌어당기므로 산화수는 −2가 됩니다. 수소 원자 1개는 산소 원자에게 전자 1개를 넘겨주기 때문에 산화수는 +1이 되겠네요.

　마찬가지로 이산화탄소의 경우는 '산소 원자-탄소 원자-산소 원자'간에 더욱 음성이 강한 산소 원자 쪽으로 공유 전자쌍이 완전히 이동한다고 생각해봅시다. 1개의 산소 원자는 탄소 원자 1개로부터 2개의 전자를 끌어당기므로 산화수는 −2, 탄소 원자는 2개의 산소 원자에게 전자를 2개씩 넘겨주기 때문에 산화수는 +4가 됩니다.

　과산화수소 분자의 경우는 '수소 원자-산소 원자-산소 원자-수소 원자'의 결합입니다. 양쪽 끝의 '수소 원자-산소 원자'의 두 결합에서는 산소 원자가 공유 전자쌍을 끌어당기지만, '산소 원자-산소 원자'의 결합 부분에서는 공유 전자쌍을 완전히 균등하게 공유하므로, 두 산소 원자 모두 공유 전자쌍을 끌어당기지 못합니다. '수소 원자-산소 원자'의 결합에서는 수소 원자 1개는 산소 원자에게 전자 1개를 넘겨주기 때문에(산소 원자 쪽에서는 전자 1개를 끌어당기는 셈) 과산화수소 분자에서 산소의 산화수는 −1이 됩니다.

산화수를 구하는 법

$N_2 + 3H_2 \rightarrow 2NH_3$ 같은 산화환원의 경우는 전자의 교환이 뚜렷하지 않습니다. 따라서 일반적으로 원자에 산화수라는 발상을 적용해 산화수가 늘어나면 산화, 줄어들면 환원으로 판단합니다. 다음의 글박스에 정리된 것은 산화수를 구하는 법입니다.

(1) 홑원소 물질의 원자는 산화수가 0이다.

$H_2(H;0)$, $Cu(Cu;0)$

(2) 단원자 이온의 산화수는 그 이온의 가수와 같다.

$\underline{Cu}^{2+}(Cu;+2)$, $\underline{Cl}^-(Cl;-1)$

(3) 화합물 속 산소 원자의 산화수를 −2, 수소 원자의 산화수를 +1로 한다. $\underline{H}_2\underline{O}(H;+1, O;-2)$

단, 과산화수소H_2O_2 속 O의 산화수는 −1이다.

(4) 화합물 속 원자의 산화수의 총합은 0이다.

$\underline{Cu}\,\underline{O}(+2)+(-2)=0$

(5) 다원자 이온 속 원자의 산화수의 총합은 그 이온의 가수와 같다.

$\underline{Mn}\,\underline{O}_4{}^-(+7)+(-2)\times4=-1$

예를 들어 산화구리(Ⅱ)와 탄소에서 구리와 이산화탄소가 생성되는 반응의 경우, 각 원자의 산화수는 다음과 같이 변화합니다.

$$2\underline{Cu}\,\underline{O} \quad + \quad \underline{C} \quad \rightarrow \quad 2\underline{Cu} \quad + \quad \underline{C}\,\underline{O}_2$$

+2 −2　　　　　0　　　　　0　　　　+4 −2

C 원자의 산화수_(좌변 → 우변)　　　　　0 → +4

C 원자의 산화수(좌변 → 우변)　　　　　0 → +4

Cu 원자의 산화수(좌변 → 우변)　　　　+2 → 0

탄소 원자는 산화수가 증가했으므로 산화, 구리 원자는 산화수가 감소했으므로 환원되었음을 알 수 있습니다.

산화제와 환원제

산화구리(Ⅱ)CuO와 탄소C의 반응에서 산화구리(Ⅱ)는 탄소에 의해 환원되고 탄소는 산화구리(Ⅱ)에 의해 산화됩니다. 산화환원에서 CuO처럼 상대 물질을 산화시키고 자신은 환원되는

그림 6-7　산화제와 환원제

산화제 ＝ 상대를 산화시키는 물질(자신은 환원)
　　　 ＝ 전자를 받는 물질, 전자의 포수

환원제 ＝ 상대를 환원시키는 물질(자신은 산화)
　　　 ＝ 전자를 방출하는 물질, 전자의 투수

구리　　　　　　산소　　　　　　산화구리(Ⅱ)

$$Cu \quad + \quad O_2 \quad \rightarrow \quad CuO$$

구리 원자는 전자를 방출(산화수 증가) → 환원제
구리 원자의 집합체인 구리 역시 환원제

$$2Cu \quad \rightarrow \quad 2Cu^{2+} \quad + \quad 4e^-$$

산소 원자는 전자를 받음(산화수 감소) → 산화제
산소(산소 분자) 역시 산화제

$$O_2 \quad + \quad 4e^- \quad \rightarrow \quad 2O^{2-}$$

물질을 산화제라고 부릅니다. 또한 C처럼 상대 물질을 환원시키고 자신은 산화되는 물질을 환원제라고 부르죠. 예를 들어 해열제처럼 '○○제'라 불리는 것은 '상대를 ○○시키는 물질'을 의미합니다.

일반적으로 산화제란 다른 분자 등으로부터 전자를 빼앗기 쉬운 성질을 지닌 물질로, 오존 O_3, 산화망가니즈(Ⅳ), 산화력이 강한 산인 질산HNO_3, 과망가니즈산포타슘$KMnO_4$, 니크롬산포타슘$K_2Cr_2O_7$이나 염소Cl_2, 아이오딘I_2 등의 할로젠입니다. 환원제로는 이온화하기 쉬운 금속인 소듐Na, 포타슘K, 아연Zn이나 철(Ⅱ)염[철(Ⅲ) 이온이 되기 쉬움], 옥살산$(COOH)_2$ 등의 유기물이 있습니다.

과산화수소H_2O_2는 보통 산화제로 작용한다

산성으로 만든 과산화수소H_2O_2 수용액과 아이오딘화포타슘KI 수용액의 반응을 생각해보겠습니다. 아이오딘화포타슘은 포타슘 이온K^+과 아이오딘화물 이온I^-의 이온 결합을 통해 생겨난 이온 결정으로, 물에 녹이면 무색의 수용액이 됩니다. 수용액 속에는 K^+과 I^-이 뿔뿔이 흩어져 있죠.

아이오딘I_2은 광택이 나는 흑자색 분자 결정입니다. 물에 잘 녹지 않지만 아이오딘화포타슘 수용액에는 잘 녹습니다. 만약 아이오딘화포타슘 수용액 속에서 I^-의 일부가 I_2이 된다면 물에 녹아 용액이 갈색으로 변합니다.

그렇다면 황산을 이용해 산성으로 만든 과산화수소 수용액과 아이오딘화포타슘 수용액을 섞어봅시다. 산성이라면 H^+를 포함하고 있습니다. 섞어보니 갈색 용액으로 변했기에 대체 이 갈색이 무엇인지 알아보기 위해 소량을 채취해 녹말 수용액에 넣어보니 보라색으로 변했죠. 이는 아이오딘 녹말 반응이라 부르는 반응으로, 갈색의 원인은 아이오딘I_2으로 확인되었습니다.

$$H_2O_2 \;+\; 2H^+ \;+\; 2e^- \;\rightarrow\; 2H_2O \qquad ①$$

$$2I^- \;\rightarrow\; I_2 \;+\; 2e^- \qquad\qquad\qquad ②$$

이때 과산화수소는 산화제(산화수 $-1 \rightarrow -2$)로, 아이오딘화포타슘은 환원제(산화수 $-1 \rightarrow 0$)로 작용합니다. ① + ②를 계산해서 e^-을 지워보면 반응식은 다음과 같습니다.

$$H_2O_2 \;+\; 2H^+ \;+\; 2I^- \;\rightarrow\; I_2 + 2H_2O \qquad ③$$

반응에 관여하지 않은 SO_4^{2-}와 K^+를 ③에 보충하면 물질의 화학식을 세울 수 있습니다.

$$H_2O_2 \;+\; 2H^+ \;+\; 2I^- \;\rightarrow\; I_2 \;+\; 2H_2O$$
$$\qquad\quad \uparrow \qquad\quad \uparrow$$
$$\qquad\quad SO_4^{2-} \quad 2K^+$$
$$\Rightarrow\; H_2O_2 \;+\; H_2SO_4 \;+\; 2KI \;\rightarrow\; K_2SO_4 \;+\; I_2 \;+\; 2H_2O$$

과망가니즈산포타슘의 산화 작용

과망가니즈산포타슘$KMnO_4$은 흑자색 결정이며 수용액은 적자색입니다. **과망가니즈산포타**

숨에는 강한 산화 작용이 있습니다. 다시 말해 강한 산화제라는 뜻이죠. 산성 상태에서 다른 물질을 산화시키면 망가니즈(II) 이온 Mn^{2+}이 발생하므로 수용액의 색깔이 사라집니다. Mn^{2+}가 포함된 수용액은 옅은 분홍색이지만 묽을 경우에는 거의 무색입니다.

$$MnO_4^- \;+\; 8H^+ \;+\; 5e^- \;\rightarrow\; Mn^{2+} \;+\; 4H_2O \qquad ④$$

산성으로 만든 과망가니즈산포타슘 수용액과 아이오딘화포타슘 수용액을 섞으면 수용액 속의 아이오딘화물 이온 I^-이 산화되어 아이오딘 I_2으로 변하므로 수용액은 갈색이 됩니다.

$$2I^- \;\rightarrow\; I_2 \;+\; 2e^-$$

다니엘 전지의 구조를 통해 전지에 대해 알아보자

전지와 회로

건전지의 양극, 음극에 소켓이 달린 전구와 도선을 연결하면 전구에 불이 들어옵니다. 이때는 전원에서 전구를 지나 다시 전원으로 한 바퀴 돌아오는 회로가 형성되어 있죠. **이 회로 안에서는 전지의 음극에서 양극을 향해 전자가 줄줄이 이동하고 있습니다. 회로 속 전류의 방향은 전류의 경우 양극 → 음극, 전자의 경우는 음극 → 양극**입니다. 그 이유는 처음에 도선의 내부에서 무엇이 이동하는지 모른 채 양극과 음극을 정해버렸는데, 이후로 '전류는 전자가 이동하는 것'이라는 사실이 판명되면서 전류와 전자의 이동 방향이 반대가 되어버린 탓입니다.

전지 내부에서 벌어지는 캐치볼

전지 외부의 회로에서는 음극에서 양극으로 전자가 이동하고 있습니다. 음극에는 전자를 내보내려 하는 물질이 있죠. 그리고 양극에는 전자를 원하는 물질이 있습니다. 망가니즈 건전지

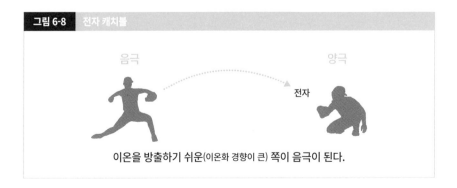

| 그림 6-8 | 전자 캐치볼 |

음극　　　　　　　　　　　　　　　　　양극

전자

이온을 방출하기 쉬운(이온화 경향이 큰) 쪽이 음극이 된다.

나 알칼리 건전지의 경우 음극으로 아연이라는 금속을 사용합니다.

그렇다면 양극은 어떨까요? 양극과 직접 닿아 있는 물질은 탄소봉이지만 사실 탄소는 전자를 필요로 하는 물질이 아닙니다. 전자를 모아서 전자를 원하는 물질에 전하는 역할을 맡고 있죠.

단순히 음극이나 양극이라고 부르면 진짜 주인공이 눈에 띄지 않으니 진짜 주인공을 음극활물질, **양극활물질**이라고 부르겠습니다. 망가니즈 건전지나 알칼리 건전지의 경우 '음극 = 음극활물질 = 아연'이지만 주된 양극활물질은 둘 모두 탄소가 아닌 산화망가니즈(Ⅳ)MnO_2입니다.

음극활물질에서 빠져나온 전자는 회로를 따라 양극활물질로 받아들여집니다. 그러면 음극 부근에서는 전자가 점점 줄어들어 양이온이 늘어나고, 양극 부근에서는 전자가 점점 채워지면서 음이온이 늘어나게 될까요?

전지에서는 음극활물질와 양극활물질 외에 전해질 수용액도 중요한 구성원입니다. 전해질이란 물에 녹이면 그 수용액이 전류를 통하게 하는 물질입니다. 전류가 흐르면 전기분해가 일어나므로 **전기분해가 일어나는 물질**이라고도 부를 수 있겠죠.

전해질 수용액 안에서 양이온과 음이온이 지닌 전하는 플러스마이너스 0, 다시 말해 전기적으로는 중성인 상태가 유지되고 있습니다. **전해질 수용액 안에서 양이온이 늘어나면 이를 상쇄시키는 전하인 음이온이 늘어납니다. 음극 부근과 양극 부근이 막으로 나뉘어 있다 하더라도 이온은 그 막을 통과하기 때문에 전체적으로는 전기적 중성이 유지됩니다.**

금속의 이온화 경향과 음극의 아연

이온화 경향이 높은 금속은 전자를 내보내려 하므로, 내보낸 전자를 받아줄 상대만 있다면 전자를 내보내 양이온이 되려 합니다. **전자를 내보내서 양이온으로 변하는 경향이 높을수록 '화학적으로 높은 에너지를 지닌'** 셈이죠. 화학 에너지는 'Li > Na > Mg > Al > Zn > Fe…'의 순서로 높습니다. 반면 양극활물질인 망가니즈(Ⅳ)의 화학 에너지는 Na, Mg, Al, Zn, Fe보다도 낮습니다. 양극활물질이 산화망가니즈(IV)라면 **음극활물질은 이온화 경향이 높은 물질일수록 그 차이가 현격해지고, 강한 에너지를 얻게** 됩니다.

하지만 아무리 '건(乾, 마를 건)'전지라 해도 진짜로 바짝 말라 있지는 않습니다. 전해질 수용액이 필요한 이상 물과 만나면 격렬한 반응을 일으키는 소듐 등은 음극활물질로 사용할 수 없겠죠. 그래서 망가니즈 건전지나 알칼리 건전지는 아연을 선택하게 되었습니다.

소듐과 성질이 비슷한 리튬을 음극활물질로 사용한 전지(리튬 1차 전지 혹은 리튬 전지로, 노트북의 배터리 등에 사용되는 리튬 이온 2차 전지와는 다름)가 있지만 물은 사용할 수 없으므로 유기용매에 리튬의 화합물을 녹여 넣은 전해질 액을 사용합니다. **전류가 흘러나오는(이온화 경향이 더 작은) 전극이 양극, 전류가 흘러드는(이온화 경향이 더 큰) 전극이 음극이 됩니다.**

다니엘 전지

다니엘 전지는 이온이 이동할 수 있는 다공질 격벽으로 음극실과 양극실이 나뉘어 있습니다. 음극실에는 황산아연$ZnSO_4$ 수용액과 아연 전극, 양극실에는 황산구리$CuSO_4$ 수용액과 구리 전극이 들어 있습니다. 두 전극을 도선으로 연결하고 전기를 흘려보내면 다음의 반응이 발생하며 양극에서 음극으로 전류가 흐릅니다.

$$(음극) \quad Zn \quad \rightarrow \quad Zn^{2+} \quad + \quad 2e^-$$
$$(양극) \quad Cu^{2+} \quad + \quad 2e^- \quad \rightarrow \quad Cu$$
$$(전체) \quad Zn \quad + \quad Cu^{2+} \quad \rightarrow \quad Zn^{2+} \quad + \quad Cu$$

다니엘 전지는 다음의 식으로 간략하게 나타낼 수 있습니다. 이때 aq는 수용액을 가리킵니다.

$$(-) \quad Zn \mid ZnSO_4aq \mid CuSO_4aq \mid Cu \quad (+)$$

기전력은 1.07~1.14 볼트로, 기전력의 변화는 적으며 기체도 발생하지 않습니다.

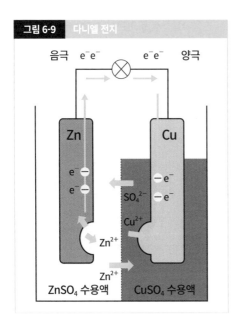

그림 6-9 다니엘 전지

음극 e^-e^- ⊗ e^-e^- 양극

Zn Cu

$e^- ⊖$
$e^- ⊖$ SO_4^{2-} $⊖ e^-$
$⊖ e^-$
Cu^{2+}
Zn^{2+}

Zn^{2+}

ZnSO₄ 수용액 CuSO₄ 수용액

다니엘 전지는 1836년에 영국의 존 F. 다니엘이 고안한 역사적인 전지입니다. 한때는 실용적으로 쓰이기도 했지만 현재는 전지의 구조를 설명할 때 필수로 사용되고 있습니다. 다니엘 전지 이전에 볼타의 전지가 있었지만 금세 기전력이 떨어지고 기체가 발생했습니다. 이론적으로 설명하기 어렵기 때문에 현재로서는 역사적 가치를 기리자는 뜻에서 교과서에 실려 있죠.

1차 전지와 2차 전지

일반적으로 전지는 한 번 쓰고 버리는 1차 전지와 충전해서 사용할 수 있는 2차 전지로 나뉩니다. 1차 전지로는 망가니즈 건전지, 알칼리(망가니즈) 건전지, 알칼리 코인형 전지, 리튬 전지 등이 있습니다. 2차 전지로는 니켈 카드뮴(니카드) 축전지, 니켈 수소 축전지, 리튬 이온 축전지, 납축전지 등이 있습니다.

납축전지

이번에는 긴 역사가 있고 2차 전지이자 실용적으로도 중요한 납축전지 구조를 알아보겠습니다. 양극활물질로 다공성 산화납(IV)PbO₂, 음극활물질로 스펀지형 납Pb, 전해액으로는 33~37% 정도의 황산 H₂SO₄ 수용액을 사용합니다. 기전력은 약 2.0볼트입니다.

납축전지에는 산화납(IV)PbO₂, 납Pb 외에도 황산납(II)PbSO₄이 관여하고 있습니다. PbO₂와 PbSO₄는 모두 물에 녹지 않죠.

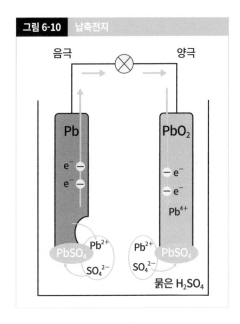

그림 6-10 　납축전지

음극　　　　　　양극

Pb　　　　PbO$_2$

e^-
e^-
　　　　　$-e^-$
　　　　　$-e^-$
　　　　　Pb^{4+}

PbSO$_4$　Pb^{2+}　　Pb^{2+}　PbSO$_4$
　　　SO$_4^{2-}$　　SO$_4^{2-}$
　　　　　　　　묽은 H$_2$SO$_4$

방전(회로를 연결해 전지에서 전류를 흘려보 냄)하면 Pb는 전자를 방출해(전자는 회로 를 통해 음극 → 양극으로) 납(Ⅱ) 이온Pb^{2+} 으로 변하고, 황산 내부의 황산 이온 SO$_4^{2-}$과 결합해 황산납(Ⅱ)이 되어 극판 에 달라붙습니다.

양극에서는 PbO$_2$가 전자와 황산 이온 SO$_4^{2-}$, 수소 이온H$^+$을 받아들입니다. 음극에서는 Pb가 산화되고, 양극에서 는 PbO$_2$가 환원되어 모두 PbSO$_4$가 됩 니다.

【음극】 Pb + SO$_4^{2-}$ → PbSO$_4$ + 2e$^-$

【양극】 PbO$_2$ + 4H$^+$ + SO$_4^{2-}$ + 2e$^-$ → PbSO$_4$ + 2H$_2$O

따라서 전체적인 반응은 다음과 같습니다.

Pb + PbO$_2$ + 2H$_2$SO$_4$ → 2PbSO$_4$ + 2H$_2$O

장기간 사용하면 전압이 떨어지고 황산의 밀도가 작아지기 시작합니다. 따라서 황산의 밀도 를 통해 충·방전 상태를 알 수 있죠. 외부 직류 전원의 +단자에 양극을, -단자에 음극을 연 결해서 반대로 전류를 흘려보내면 방전 반응의 역반응이 일어나 전극과 전해액이 본래의 상 태로 돌아가고 전지의 기전력이 회복됩니다. 이 과정을 충전이라고 합니다.

물을 전기분해할 때는 수산화소듐 수용액을 사용한다

중학교 과학 시간에 배운 물의 전기분해

중학교 과학 시간에는 실험을 토대로 화학 변화에 대해 탄산수소소듐을 가열하면 탄산소듐과 이산화탄소로 변한다는 사실, 그리고 수산화소듐을 녹인 물에 전류를 흘려보내면 수소와 산소로 변한다는 사실을 배웁니다.

$$\downarrow \quad 전기\ 에너지$$
$$2H_2O \quad \rightarrow \quad 2H_2 + O_2$$

물을 전기분해하면 부피비로 2:1의 수소와 산소가 발생합니다. 물에 수산화소듐을 녹여두는 이유는 전류가 흐르기 쉽게 하기 위함이라고 설명합니다. 확실히 전류가 통하지 않는 증류수로는 전기분해가 불가능하겠죠.

전기분해는 전지와 반대 방향의 반응

전지와 전기분해는 반대 방향의 반응에 해당합니다. 모두 전극, 용질, 용매의 원자, 분자, 이온이 전자를 받거나 잃는 반응(전자의 교환)이 일어난다는 점에서는 똑같죠. 전지의 경우, 전자를 방출하려는 음극활물질과 전자를 원하는 양극활물질이 있습니다. 음극활물질이 전자를 방출하면(잃으면) 양극활물질이 전자를 건네받고 회로의 음극에서 양극으로 전자가 흐릅니다. 하지만 전기분해의 경우는 전극, 용질, 용매의 원자, 분자, 이온 중에서 가장 산화되기 쉬운 물질(거시적으로는 물질, 미시적으로는 원자, 분자, 이온)이 양극으로 전자를 방출하고 가장 환원되기 쉬운 물질이 음극에서 전자를 건네받습니다. 이때 반드시 이온만 전자를 주고받는 것은 아닙니다. 원자, 분자인 경우도 있습니다.

수산화소듐NaOH 수용액의 전기분해

탄소 전극(혹은 백금 전극), 수산화소듐 수용액에 전류를 흘려보냈을 때 벌어지는 전기분해에 대해 알아봅시다.

전기분해의 전극은 전지의 양극과 연결된 쪽이 양극, 전지의 음극과 연결된 쪽이 음극입니다. 수산화소듐 수용액 안에는 물H_2O, 소듐 이온Na^+, 수산화물 이온OH^-, 극히 미량의 수소 이온H^+이 있습니다. H^+는 아주 적은 양이므로 신경 쓰지 않아도 됩니다.

수산화소듐 수용액에 전압을 걸어 전류를 흘려보내면 양극 부근(아주 가까이)에 있는 H_2O, OH^- 중에서 전자를 내보내는 쪽은 OH^-입니다.

$$4OH^- \rightarrow 2H_2O + O_2 + 4e^- \quad ①$$

앞의 반응이 일어나며 산소가 생겨납니다. 수용액의 pH가 대략 12 이상의 염기성이라면

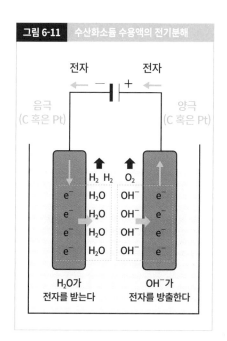

그림 6-11 수산화소듐 수용액의 전기분해

전자 ← — + ← 전자

음극
(C 혹은 Pt)

양극
(C 혹은 Pt)

H_2 H_2 O_2

e^- H_2O OH^- e^-
e^- H_2O OH^- e^-
e^- H_2O OH^- e^-
e^- H_2O OH^- e^-

H_2O가
전자를 받는다

OH^-가
전자를 방출한다

OH^-가 충분하므로 OH^-가 전자를 방출합니다.

음극 부근(아주 가까이)에 있는 H_2O, Na^+ 중 전자를 건네받는 쪽은 H_2O입니다.

$$2H_2O + 2e^- \rightarrow 2OH^- + H_2 \quad ②$$

앞의 반응이 일어나며 수소가 생깁니다.

방출하는 전자와 건네받는 전자의 물질량을 맞추기 위해 ① + 2 × ②로 정리해보면 다음과 같습니다.

$$2H_2O \rightarrow 2H_2 + O_2$$

결과적으로 물이 전기분해됩니다.

탄소 전극, 황산H_2SO_4 수용액의 전기분해

황산 수용액 안에는 물H_2O, 수소 이온H^+, 황산 이온SO_4^{2-}, 극히 미량의 수산화물 이온OH^-이 있습니다. OH^-는 아주 적은 양이므로 무시하겠습니다.

황산 수용액에 전압을 걸어 전류를 흘려보내면 양극 부근(아주 가까이)에 있는 H_2O가 전자를 방출합니다. 그리고 다음과 같은 반응이 일어나며 산소가 생깁니다.

$$2H_2O \rightarrow O_2 + 4H^+ + 4e^- \qquad ①$$

음극 부근(아주 가까이)에서는 수용액의 pH가 대략 2 이하의 산성이라면 H^+가 충분하므로 H^+가 전자를 건네받습니다. 그리고 다음과 같은 반응이 일어나며 수소가 생깁니다.

$$2H^+ + 2e^- \rightarrow H_2 \qquad ②$$

방출되는 전자와 건네받는 전자의 물질량을 맞추기 위해 ① ＋ 2 × ②로 정리해보면 다음과 같습니다.

$$H_2O \rightarrow 2H_2 + O_2$$

결과적으로 이 경우 역시 물이 전기분해됩니다.

황산소듐Na_2SO_4 수용액의 전기분해

황산소듐Na_2SO_4 수용액은 중성으로, 안에는 물H_2O, 소듐 이온Na^+, 황산 이온SO_4^{2-}, 극히 미량의 수소 이온H^+과 수산화물 이온OH^-이 있습니다.

H_2O에 비해 산화환원이 잘 일어나지 않는 물질이 있습니다. 바로 황산 이온SO_4^{2-}, 질산 이온NO_3^-, 포타슘 이온K^+, 소듐 이온Na^+, 마그네슘 이온Mg^{2+}, 알루미늄 이온Al^{3+} 등이죠. Na_2SO_4 수용액의 Na^+, SO_4^{2-}는 H_2O에 비해 산화환원이 어려우므로 이 경우는 양극, 음극 모두에서 H_2O가 전자를 주고받습니다.

【양극】 $2H_2O \rightarrow O_2 + 4H^+ + 4e^-$

【음극】 $2H_2O + 2e^- \rightarrow 2OH^- + H_2$

양극, 음극 부근의 수용액에서 전자를 주고받는 물질

지금까지 설명한 내용을 정리해보겠습니다. **양극에서 물H_2O보다 산화되기 쉬운 물질이 있다면 그 물질이 전자를 방출합니다.** 그 물질로는 염화물 이온Cl^-, 수산화물 이온OH^- 등이 있죠. **음극에서 물H_2O보다 환원되기 쉬운 물질이 있다면 그 물질이 전자를 건네받습니다.** 그 물질로는 구리(II) 이온Cu^{2+}, 수소 이온H^+ 등이 있습니다. H_2O에 비해 산화환원이 잘 일어나지 않는 물질(황산 이온SO_4^{2-}, 질산 이온NO_3^-, 포타슘 이온K^+, 소듐 이온Na^+, 마그네슘 이온Mg^{2+}, 알루미늄 이온Al^{3+}등)은 H_2O가 전자를 주고받습니다.

수산화소듐 수용액, 황산 수용액, 황산소듐 수용액(중성)의 경우, 양극과 음극에서는 다음의 반응이 일어납니다.

【양극】(산소 발생)···수산화소듐 수용액 등 대체로 pH > 12인 경우는 다음과 같습니다.

$$4OH^- \rightarrow 2H_2O + O_2 + 4e^-$$

그 외의 pH는 다음과 같습니다.

$$2H_2O \rightarrow O_2 + 4H^+ + 4e^-$$

【음극】(수소 발생)···황산 수용액 등 대체로 pH < 2인 경우는 다음과 같습니다.

$$2H^+ + 2e^- \rightarrow H_2$$

그 외의 pH는 다음과 같습니다.

$$2H_2O + 2e^- \rightarrow 2OH^- + H_2$$

전극이 녹아내리는 경우도 있다

탄소 전극(흑연C), 백금 전극(Pt)은 물에 비해 잘 산화환원이 일어나지 않으므로 수용액을 전기분해할 때 변화하지 않습니다. 하지만 물이 없으면 탄소 전극도 반응을 일으키는 경우가 있습니다(→ 알루미늄의 용융염 전기분해). 한편 구리Cu 전극은 물에 비해 산화되기 쉬우므로 수산화소듐 수용액 등을 전기분해할 경우 양극이 녹아내립니다.

$$Cu \rightarrow Cu^{2+} + 2e^-$$

이온화 경향이 강한 금속은 용융염 전해로 얻을 수 있다

알루미늄의 용융염 전기분해

소듐Na, 포타슘K, 칼슘Ca, 마그네슘Mg, 알루미늄Al 등은 이온화 경향이 강한 금속입니다. 이들 염류가 포함된 수용액은 전기분해하더라도 음극에서 물H_2O이 전자를 건네받아 수소를 발생시킬 뿐, 금속의 홑원소 물질은 생겨나지 않죠. **이들의 홑원소 물질을 얻으려면 무수 화합물을 고온으로 가열해 녹인 상태에서 전기분해를 해야 합니다.** 물이 없으므로 그 화합물 속의 금속 이온이 음극에서 전자를 건네받으며 금속의 홑원소 물질이 생겨납니다. 이 방법을 용융염 전기분해(용융염 전해)라고 합니다.

소듐Na, 포타슘K, 칼슘Ca, 마그네슘Mg, 알루미늄Al은 용융염 전기분해를 통해 만들어집니다. 알루미늄은 보크사이트 광석으로 산화알루미늄Al_2O_3(알루미나)을 만들고 이것을 빙정석Na_3AlF_6이라는 플루오린화물과 함께 약 1000℃로 녹인 후 전기분해해서 만듭니다. 알루미늄을 만드는 데는 많은 전력이 필요하므로 알루미늄은 전기 덩어리, 혹은 전기 통조림이라고 불리기도 하죠.

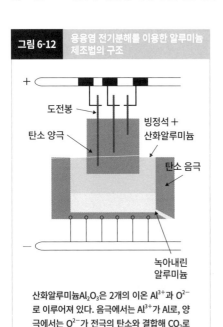

그림 6-12 용융염 전기분해를 이용한 알루미늄 제조법의 구조

도전봉
빙정석 + 산화알루미늄
탄소 양극
탄소 음극
녹아내린 알루미늄

산화알루미늄Al_2O_3은 2개의 이온 Al^{3+}과 O^{2-}로 이루어져 있다. 음극에서는 Al^{3+}가 Al로, 양극에서는 O^{2-}가 전극의 탄소와 결합해 CO_2로 변한다.

전해법 발견에 따른 알루미늄 제조법 탄생 일화

알루미늄의 광석인 보크사이트에는 40~60%의 산화알루미늄(알루미나)이 함유되어 있습니다. 이 보크사이트를 정제해서 산화알루미늄(알루미나)으로 만듭니다. 산화알루미늄에서는 알루미늄과 산소가 강한 결합력으로 결합되어 있지만 포타슘처럼 이온화 경향이 대단히 강한 금속으로 환원시키면 알루미늄을 추출할 수 있습니다. 하지만 이 방법은 비용이 무척 많이 들며 대량 생산에도 적합하지 않았습니다.

그래서 전기 에너지를 이용한 전기분해로 알루미늄을 추출해내려 했죠. 하지만 질산알루미늄 등을 물에 녹이고 전압을 걸어 전류를 흘려보내자 물이 전기분해되고 말았습니다. 음극에서 전자를 건네받는 물질은 알루미늄 이온이 아니라 물 분자였죠. 그래서 생각해낸 방법이 바로 물을 배제한 전기분해였습니다. 그런데 알루미늄을 녹이는 데는 2000℃ 이상의 고온이 필요합니다.

이 어려움에 맞서 '어쩌면 2000℃보다 훨씬 낮은 온도에서 액체로 변하는 물질에 산화 알루미늄을 녹일 수 있을지도 모른다. 그것만 찾으면 성공이다'라고 생각해 도전에 나선 두 청년이 있었죠. 다양한 연구 끝에 두 사람이 주목한 물질은 그린란드에서 채취되는 유백색의 빙정석이라는 덩어리였습니다. 빙정석의 녹는점은 약 1000℃입니다. **빙정석을 액체로 만들고 그 액체에 산화 알루미늄을 넣으면 10% 정도나 녹일 수 있었습니다. 이 액체 속에 전극을 꽂고 전류를 흘려보냈죠. 그러자 알루미늄 금속이 음극에서 석출되기 시작**했습니다. 1886년, 처음으로 미국의 **찰스 홀**(1863~1914)이, 그로부터 2개월 후에 프랑스의 **폴 에루**(1863~1914)가 이 방법을 발견했습니다. 현재 사용되는 알루미늄은 이 방법을 이용해 공업적으로 제조되고 있으며 홀-에루법이라 불립니다.

제 7 장

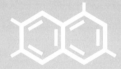

유기물의
세계

제7장 요약

19세기 초까지 화학자들 사이에서는 '유기물은 인공적으로 만들 수 없다'는 사고방식이 팽배했습니다. 그런데 1828년, 독일의 화학자 프리드리히 뵐러가 무기물인 사이안산암모늄을 가열하는 과정에서 유기물인 요소를 인공적으로 만들어내고 말았습니다. 뵐러가 인공적으로 요소를 만든 후, 무기물에서 다양한 유기물이 인공적으로 만들어진다는 사실이 밝혀지기 시작했죠.

그리고 유기물은 '유기체라는 생명력을 지닌 생물이 만드는 물질'이 아니라 '탄소 골격에 수소가 결합한 탄화수소를 기본으로 산소 원자나 질소 원자 등이 포함된 물질'이라 여기게 되었습니다[본래 광물로 취급되던 다이아몬드·흑연(탄소의 홑원소 물질)이나 탄산염류는 무기물로 분류되고 있습니다].

따라서 마지막 7장에서는 19세기로 접어들기 전까지 유기물을 인공적으로 만들어내지 못했던 이유, 탄소가 유기물의 중심 원자로 자리를 잡은 이유, 유기물의 원자 결합 방법, 유기물의 원자 반응 등을 중심으로 이야기를 풀어나가려 합니다.

19세기에 무기물에서 '인공적인 유기물'을 만들어내는 데 성공

에너지의 산(활성화 에너지)

활성화 에너지가 높을수록 화학 반응이 잘 일어나지 않는다

전기음성도

원자의 결합

치환 반응·첨가 반응

- 치환 반응은 어떤 원자가 다른 원자와 뒤바뀌는 반응
- 첨가 반응은 이중 결합을 끊어서 원자나 원자단을 첨가(추가)하는 반응

벤젠 구조식

작용기

탄화수소 골격의 탄소 원자와 결합해, 그 탄화수소의 성질을 결정하는 원자나 원자단

축합 반응·탈수 축하 반응

중합

1 첨가 중합　　　**2 축합 중합**

무기물에서 유기물을 만드는 데 성공하다

무기물에서 소변의 성분인 요소를 만들어내다

라부아지에가 활약하던 시대의 화학자는 생물의 몸을 형성하는 물질을 유기물(유기 화합물이라고도 함), 그렇지 않은 물질을 무기물이라고 구별했습니다. **생명력을 지닌 유기체라는 생물이 만들어내는 물질이 바로 '유기물'이라고 생각했던** 거죠. 생물이 만들어내는 수크로스, 녹말, 아세트산(식초의 성분), 에탄올 등, 다양한 물질이 유기물의 일종입니다. 반면 **무기물은 물이나 암석, 금속처럼 생물의 작용을 빌리지 않고 만들어진 물질입니다.**

오랫동안 '유기물은 인공적으로 만들 수 없다'고 여겨왔습니다. 이 생각은 19세기 초까지 화학자들의 세계를 지배하고 있었죠. 유기물은 특별한 물질이었던 셈입니다. 그러다 마침내 1828년, 독일의 화학자 **뵐러**(1800~1882)가 무기물인 사이안산암모늄을 가열하는 과정에서 유기물인 요소를 인공적으로 만들어내고 말았습니다. 뵐러는 이때 '사람이나 개를 쓰지 않고도 요소를 만들어냈다. … 이처럼 요소를 인공적으로 만들어냈다는 사실은 무기물에서 유기물이 만들어질 수 있다는 사례가 되지 않을까'라고 생각했습니다.

이후 **다양한 유기물이 무기물에서 인공적으로 만들어질 수 있다는 사실이 밝혀지기 시작했습니다.** 대부분 유기물이 탄소 골격이라는 비롯해 유기물은 '탄소 골격에 수소가 결합한 탄화수소를 기본으로, 산소 원자나 질소 원자 등이 포함된 물질'로 받아들여지게 되었습니다. 다만 다이아몬드·흑연(탄소의 홑원소 물질)이나 탄산염류는 본래 광물로 취급되어왔기 때문에 무기물로 분류됩니다. 이산화탄소, 일산화탄소, 사이안화수소 역시 마찬가지입니다.

유기물을 인공적으로 만들기 어려웠던 이유는?

에너지의 산

수소와 산소를 섞고 그냥 내버려두기만 해서야 반응은 일어나지 않습니다. **적절한 비율로 섞은 후 불을 붙이거나 전기 불꽃을 튀기면 격렬한 반응을 일으키며 물이 생겨나죠.** 이 반응의 경우, 수소 분자의 '수소 원자-수소 원자' 결합이 2, 산소 분자의 '산소 원자-산소 원자' 결합이 1의 비율로 사라지고 새로운 '수소 원자-산소 원자' 결합이 4의 비율로 생겨납니다.

　수소와 산소는 물보다 에너지가 높음에도 불구하고 섞어도 자연스럽게 반응이 일어나지 않는 이유가 대체 뭘까요. 사실 수소와 산소에서 물이 생겨나는 반응 도중에는 에너지의 산(활성화 에너지)이 자리하고 있습니다. 우리가 산을 넘어갈 때면 산의 높이에 따라 오르기 어렵거나 쉬울 때가 있듯이, **화학 반응 역시 '에너지의 산'이 높을수록 반응이 진행되기 어렵습니다.** 불을 붙이거나 전기 불꽃을 튀기는 것은 **이 산을 넘어갈 수 있게끔 돕는 작업입니다. 이 에너지의 산만 넘는다면 비로소 수소와 물, 그리고 생성된 물의 에너지 차이만큼 에너지를 방출하면서 반응이 진행되죠.**

　일반적으로 화학 반응에서는 '섞어도 반응

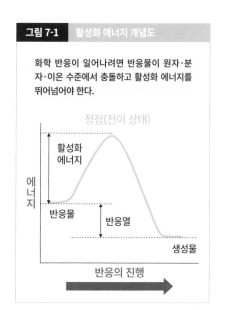

그림 7-1　활성화 에너지 개념도

화학 반응이 일어나려면 반응물이 원자·분자·이온 수준에서 충돌하고 활성화 에너지를 뛰어넘어야 한다.

정점(전이 상태)

활성화 에너지

에너지

반응물

반응열

생성물

반응의 진행

이 일어나지 않는다면 가열'해보는 경우가 많습니다. 이는 에너지의 산을 넘기 위한 방법이죠.

활성화 에너지의 산을 낮춰주는 촉매

반응이 더 쉽게 일어나게끔 에너지의 산을 낮추는 데 쓰이는 물질이 바로 촉매입니다. 중학교 과학 수업에서는 '묽은 과산화수소수에 이산화망가니즈를 넣어서' 산소를 발생시키는 실험을 합니다. 묽은 과산화수소수를 그대로 내버려두어서는 쉽게 분해되지 않지만 여기에 이산화망가니즈, 정식 명칭으로는 산화망가니즈(IV)를 넣으면 산소와 물로 분해되죠.

이때 산화망가니즈(IV)는 반응 전이나 후나 변화하지 않지만 반응을 진행시키는 작용을 합니다. 이러한 물질을 촉매라고 부릅니다. 촉매는 기본적으로 화학 반응식에 따로 적지 않기

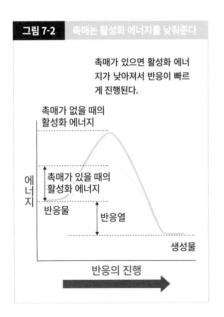

그림 7-2 촉매는 활성화 에너지를 낮춰준다

촉매가 있으면 활성화 에너지가 낮아져서 반응이 빠르게 진행된다.

촉매가 없을 때의 활성화 에너지

촉매가 있을 때의 활성화 에너지

반응물

반응열

생성물

에너지

반응의 진행

때문에 '묽은 과산화수소수에 이산화망가니즈를 넣으면' 일어나는 반응의 화학식은 다음과 같습니다.

$$2H_2O_2 \rightarrow O_2 + 2H_2O$$

화학식 화살표 위의 과정에 MnO_2를 집어넣는 경우도 있습니다.

촉매가 있으면 반응이 빨라지기 때문에 원하는 생성물을 단시간에 얻을 수 있게 됩니다. **촉매를 사용하면 반응에 필요한 활성화 에너지의 산을 낮춰주므로 반응 속도를 높일 수 있는 것이죠.**

생체 내부의 화학 반응을 진행시키는 효소

촉매는 고체, 기체, 액체 어떠한 상태라도 상관없으며, 작용하는 동안 자신은 계속해서 변화하지만 작용을 마치면 본래대로 돌아가기 때문에 반응 전후로 질량은 변화하지 않습니다.

생체 내부에서는 음식물의 소화나 흡수, 호흡, 운반, 대사, 배설 등 다양한 화학 반응이 규칙적으로 진행됨에 따라 '살아 있는' 상태가 유지되고 있습니다. 이때 다양한 종류의 효소가 작용합니다. 인간의 몸에는 약 5000종의 효소가 있다고 추정됩니다. 각자 담당하는 반응이 정해져 있으며 서로를 방해하지 않게끔 작용하고 있죠. 효소 없이는 생명 활동도 성립되지 않습니다.

생체 내부의 화학 반응은 일반적으로 촉매 없이는 그 속도가 매우 느린데, 반응을 촉진시키기 위한 촉매인 효소 덕분에 쉽게 반응을 일으킬 수 있습니다. 이런 촉매의 존재를 알아내기 전까지 체외에서(시험관으로) 유기물을 만들어내는 반응을 일으키기란 무척 어려운 일이었죠. 1828년 독일의 화학자 뵐러가 무기물을 이용해 유기물인 요소를 만들어낸 것은 획기적인 사건이었습니다.

이후로 인간의 힘으로는 만들어낼 수 없다고 여겨졌던 유기물이나 자연적으로는 존재하지 않는 유기물이 실험실이나 공장에서 속속들이 만들어지기 시작했습니다. 이때 촉매가 큰 활약을 펼쳤죠.

우리 주변의 촉매

촉매는 화학 공업에서 큰 역할을 담당하고 있습니다. 질소와 수소에서 암모니아를 만들어내는 하버-보슈법이 성공을 거둘 수 있었던 요인 중 하나는 철 촉매가 개발된 것이었죠. 그 외에 의약품 합성 등 거의 모든 화학 공업에서 각각의 반응에 적합한 촉매가 사용되고 있습니다. 우리 주변에서도 휘발유로 달리는 자동차를 보면 주된 소재가 백금인 촉매가 쓰이고 있습니다. 이 촉매는 배기가스의 질소 산화물을 분해(환원)하는 등 배기가스를 정화시키는 데 도움을 줍니다.

전기음성도 수치에서 드러나는 원소의 성질

원소의 전기음성도

전기음성도라는 수치가 있습니다. 원자가 공유 전자쌍을 끌어당기는 세기를 숫자로 나타낸 것을 말합니다. 전기음성도는 앞서 3장에서 간단히 다룬 바 있죠.

원자가 서로 전자를 주고받아 결합하면서 분자가 생겨납니다. 이때 원자와 원자 사이에는 공유 전자쌍이 있습니다. 분자 안에서 하나의 원자가 스스로에게 전자를 끌어들이는 힘의 정도에 대응하는 수치가 바로 전기음성도입니다. 비활성 기체는 이름 그대로 비활성이기 때문에 제외됩니다(다만 크립톤, 제논, 라돈에는 전기음성도 수치가 있음).

주기율표에서 전기음성도의 경향을 찾아볼 수 있습니다. 알칼리 금속부터 할로젠까지, 같은 주기의 경우 왼쪽에서 오른쪽으로 갈수록 커져갑니다. 이는 오른쪽으로 갈수록 원자핵의 양성자수가 많아져서 공유 전자쌍을 끌어당기기 쉬워지기 때문입니다. 다만 전이 원소(3~12족)에는 이 경향이 적용되지 않습니다. 같은 족의 경우 위로 갈수록 전기음성도가 커지죠. 이는 같은 족일 경우 위쪽이 더 원자가 적으므로 양성자의 수가 늘어남에 따른 영향보다, 원자핵과 공유 전자쌍의 거리가 좁혀짐에 따른 영향이 더 강해져 원자핵이 공유 전자쌍을 끌어당기기 쉬워지기 때문입니다. 다시 말해 전기음성도는 주기율표에서 오른쪽으로 갈수록 커지고, 또한 밑에서 위로 올라갈수록 증가합니다. 따라서 전기음성도가 가장 높은 원소는 플루오린입니다. 다음으로는 산소, 비슷한 수준으로는 질소와 염소가 있습니다. 이들 원소는 '음성이 강하다(음이온이 되기 쉽다)'라고 표현합니다.

전기음성도가 낮은 원소는 주기율표에서 가장 왼쪽에 위치한 알칼리 금속입니다. 이들 원소

는 '양성이 강하다(양이온이 되기 쉽다)'라고 표현합니다.

공유 전자쌍은 수소 분자 H-H의 경우 어느 원자로도 치우치지 않지만 염화수소 분자 H-Cl 의 경우는 전기음성도가 높은 염소 원자 쪽으로 살짝 끌려가 있습니다. 이처럼 공유 전자쌍이 어느 한쪽 원자로 치우쳐져 있을 때, '결합에 극성이 있다'라고 말합니다.

물 분자의 경우, 산소 원자와 수소 원자 사이에서 더욱 전기음성도가 높은 산소 쪽으로 전자 가 치우치면서 극성이 생겨납니다. 그리고 물 분자는 극성을 나타내는 2개의 벡터(방향과 크기 를 갖는 양)가 합쳐지면서 분자 전체가 극성을 갖는 극성 분자가 됩니다.

전기음성도가 높은 원자와 작은 원자가 결합할 때, 공유 결합의 경우는 분자가 되더라도 원 자간에 극성이 생겨납니다. 전자를 끌어당길 뿐 아니라 상대방의 전자까지 차지하거나 이온 결합을 형성하기도 하죠.

전기음성도가 높으면 음이온이 되기 쉽고, 작으면 양이온이 되기 쉽습니다.

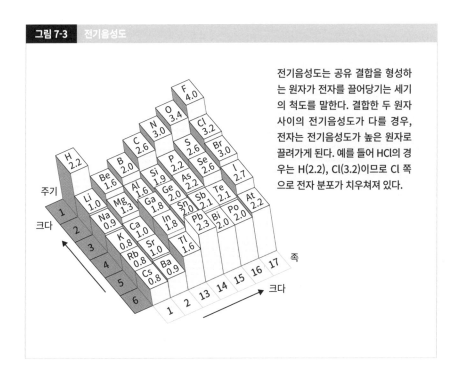

그림 7-3　전기음성도

전기음성도는 공유 결합을 형성하는 원자가 전자를 끌어당기는 세기의 척도를 말한다. 결합한 두 원자 사이의 전기음성도가 다를 경우, 전자는 전기음성도가 높은 원자로 끌려가게 된다. 예를 들어 HCl의 경우는 H(2.2), Cl(3.2)이므로 Cl 쪽으로 전자 분포가 치우쳐져 있다.

주기율표에서 같은 14족에 위치한 원소임에도 제2주기의 탄소C는 유기물의 주역을 차지하는 반면, 제3주기의 규소Si는 광물, 즉 무기물의 주요 구성 원소를 이루며 대척점에 놓여 있습니다. 탄소의 전기음성도는 2.6으로, 양이온이 되기도, 음이온이 되기도 어렵습니다.

유기물, 즉 탄소 화합물의 골격을 이루는 '탄소-탄소'의 공유 결합은 강력합니다. 메테인이나 프로페인 등 길이가 짧은 것부터 파라핀(양초의 주성분)처럼 매우 긴 사슬형 분자까지 만들어낼 수 있죠. **또한 '탄소-탄소'의 공유 결합은 단일 결합뿐 아니라 이중 결합, 삼중 결합까지 모두 세 종류로, 다양한 분자를 형성합니다.**

게다가 공유 결합의 상대가 반드시 같은 탄소 원자인 것은 아닙니다. 산소 원자나 질소 원자도 탄소 원자와 안정적인 공유 결합을 형성하기 때문에 유기물의 뼈대를 만드는 구성 원소가 될 수 있죠. 일반적으로 유기 화합물은 탄소 원자간에 안정적인 공유 결합을 형성하고 있으며 그 결합은 이중, 삼중 결합 등 다양합니다. 또한 C-O 결합 등도 더해지면서 크고 작은 다양한 분자 골격이 만들어집니다.

하지만 이를 구성하는 원소는 그렇게 많지 않습니다. 반드시 포함되는 탄소와 수소 및 주요 원소인 산소와 질소를 중심으로 여기에 할로젠(플루오린F, 염소Cl, 브로민Br, 아이오딘I), 황S, 인P, 규소Si, 그리고 기타 원소까지 포함하더라도 십여 종류에 불과하죠.

결합손 4개로 유기물의 뼈대를 만들어내는 탄소 원자

원자의 결합손

유기물을 형성하는 원소로 탄소C, 수소H, 산소O, 질소N, 염소Cl, 아이오딘I, 황S을 염두에 두고 결합손을 머릿속에 떠올려보세요. 탄소 원자에서 가장 바깥 껍질의 전자 4개는 모두 홀전자입니다. 각 홀전자(고립된 1개의 전자)가 다른 원자의 홀전자와 공유 결합해 화학 결합을 이룹니다. 이때 탄소 원자의 원자가는 4입니다. 탄소 원자의 주변에 4개의 결합손이 있는 셈이죠. 이 결합손이 다른 결합손과 맞잡으면 화학 결합이 벌어진다고 상상해보세요. 마찬가지로 수

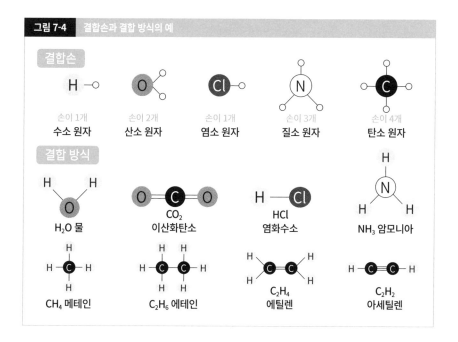

그림 7-4 결합손과 결합 방식의 예

결합손

H—○ 손이 1개 수소 원자

O〈 손이 2개 산소 원자

Cl—○ 손이 1개 염소 원자

N 손이 3개 질소 원자

C 손이 4개 탄소 원자

결합 방식

H_2O 물

CO_2 이산화탄소

HCl 염화수소

NH_3 암모니아

CH_4 메테인

C_2H_6 에테인

C_2H_4 에틸렌

C_2H_2 아세틸렌

소 원자의 결합손은 1개, 산소 원자는 2개, 질소 원자는 3개, 염소 원자·아이오딘 원자는 1개, 황 원자는 2개입니다.

탄소 원자간의 단일 결합으로 이루어진 탄화수소-알케인

알케인은 메테인CH_4, 에테인C_2H_6, 프로페인C_3H_8, 뷰테인C_4H_{10} 등 탄소 원자간의 단일 결합으로 이루어진 포화 탄화수소의 일종입니다. 가장 단순한 탄화수소는 메테인CH_4입니다. **정사면체의 중심에 탄소 원자C가 있고 네 꼭짓점에는 수소 원자H를 갖고 있죠.** 메테인은 천연가스의 주요 성분입니다. 천연가스는 메테인 외에도 에테인, 프로페인 등을 포함한 화석연료입니다. 일본에서는 천연가스를 수입하고 있는데, 그중 약 30%는 도시가스의 원료로 쓰이며 약 60%는 발전용 연료로 사용되고 있죠.

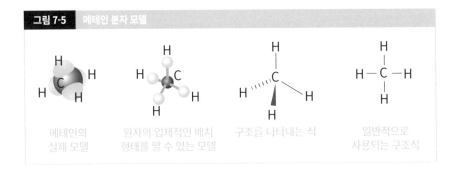

그림 7-5 메테인 분자 모델

메테인의 실제 모델 / 원자의 입체적인 배치 형태를 알 수 있는 모델 / 구조를 나타내는 식 / 일반적으로 사용되는 구조식

프로페인C_3H_8은 도시가스가 공급되지 않는 지역에서 가정용 연료로 사용됩니다. 뷰테인 C_4H_{10}은 휴대용 가스버너용 연료나 가스라이터에 사용되죠. 프로페인이나 뷰테인은 원유를 증류해서 끓는점이 비슷한 성분으로 차례차례 분리해나가는 방식인 분별 증류 과정 중 가장 저온에서 분리되는 성분입니다. 경우에 따라서는 입체 구조를 알 수 있게끔 나타내야 할 때도 있죠. 바로 아미노산이나 당 같은 거울상 이성질체(또는 광학 이성질체)를 다룰 때죠. 하지만 입체 구조는 번거롭기 때문에 각 원자간의 공유 결합을 짧은 선으로 나타낸 평면 구조식이나 이를 간략화한 화학식인 시성식(示性式, rational formula)이 자주 사용됩니다.

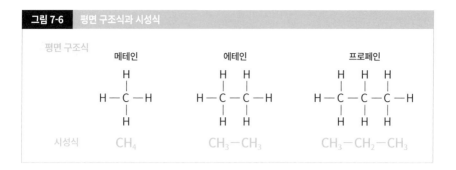

그림 7-6   평면 구조식과 시성식

평면 구조식

메테인   에테인   프로페인

시성식 CH_4 CH_3-CH_3 $CH_3-CH_2-CH_3$

뷰테인C_4H_{10}의 구조 이성질체

알케인은 메테인CH_4, 에테인C_2H_6, 프로페인C_3H_8, 뷰테인C_4H_{10} 등으로 일반식은 C_nH_{2n+2}입니다. 평면 구조식을 살펴보면 C 1개의 위아래로 각각 H 1개, 양쪽 끝에 각각 H 1개가 있죠. **H-CH_2·····CH_2-H에서 (CH_2)가 n개 있으니 C_nH_{2n}, 여기에 양 끝의 H 2개를 더해 C_nH_{2n+2}가 됩니다.**

   유기물 중에는 분자의 화학식(분자식)은 동일하지만 구조가 다른 것, 다시 말해 C나 H의 개수는 동일하지만 구조가 다른 것이 있는데, 이를 이성질체라고 부릅니다. 이성질체는 끓는점이나 녹는점 등이 다른 별개의 물질입니다. 예를 들어 뷰테인C_4H_{10}에는 〈그림 7-7〉에 나오는 2개의 이성질체가 있습니다. 이처럼 구조식이 다른 이성체를 구조 이성질체라고 합니다. 알케인은 탄소 수가 4개 이상이면 구조 이성질체가 존재합니다.

그림 7-7   뷰테인과 아이소뷰테인

뷰테인[A]
(끓는점 -0.5℃)

아이소뷰테인[B]
(끓는점 -12℃)

※ 정식 명칭은 2-메틸프로페인

에틸렌은 사슬형 불포화 탄화수소 중 구조가 가장 간단한 물질이다

덜 익은 그린바나나를 수입한 다음 에틸렌으로 숙성

덜 익은 바나나는 익으면서 송이가 초록색에서 황록색, 노란색으로 변하고 먹기 좋게 맛도 달콤해집니다. 일본은 현재 식물 검역법에 따라 노랗게 익은 바나나는 수입이 불가능합니다. 다 익은 바나나에는 농작물에 해를 끼치는 기생충이 있을 가능성이 높기 때문에 아직 기생충이 없는 덜 익은 바나나를 수확해서 수입하는 것이죠.

덜 익은 바나나는 숙성실에 넣어두고 에틸렌으로 5~6일 동안 숙성시킨 뒤 출하합니다. 에틸렌에 의해 바나나가 익으면 함유되어 있던 녹말이 단맛 성분인 수크로스, 포도당, 과당으로 변화하고 껍질의 색이 초록색에서 노란색으로 변합니다.

에틸렌은 바나나 외에도 사과·감·멜론·배 등의 과일이 잘 익게 해줍니다. 다만 사과에서는 다량의 에틸렌이 배출되어 숙성이 과도하게 진행되기 때문에 다른 과일과 함께 보관할 때는 주의가 필요합니다. 또한 에틸렌은 과일의 숙성 외에도 꽃의 개화나 낙엽에도 영향을 줍니다. 에틸렌은 식물 호르몬의 일종입니다.

이중 결합을 지닌 사슬형 불포화 탄화수소-알켄

알켄 중에서 가장 간단한 것이 바로 에틸렌입니다. 분자식(화학식)은 C_2H_4, 시성식은 '$CH_2 = CH_2$'입니다.

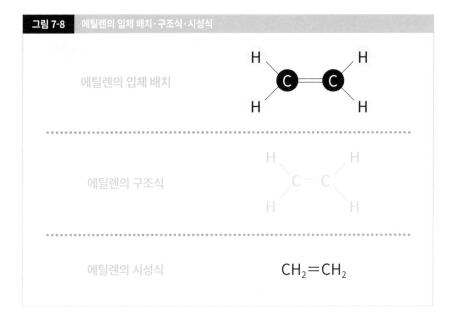

| 그림 7-8 | 에틸렌의 입체 배치·구조식·시성식 |

에틸렌의 입체 배치

에틸렌의 구조식

에틸렌의 시성식 $CH_2 = CH_2$

메테인의 치환 반응

치환 반응은 어떤 원자가 다른 원자와 뒤바뀌는 반응입니다. 예를 들어 수소 원자H, 염소 원자Cl 모두 결합손의 수는 1개로, H와 Cl은 쉽게 치환 반응이 일어날 것 같지만 메테인CH_4과 염소Cl_2를 섞더라도 반응은 일어나지 않습니다. 하지만 자외선을 쬐면 그 에너지에 의해 'Cl －Cl' 결합이 끊어지고 염소 라디칼Cl(홀전자를 지닌 염소 원자)이 생겨납니다. 염소 라디칼은 불안정하며 반응성이 높으므로 CH_4의 H 하나를 C－H에서 떼어내고 H를 대신해 C와 Cl이 결합됩니다. 그 결과 CH_4의 H 1개가 Cl로 치환되어 클로로메테인CH_3Cl이 생겨나죠. 이때의 화학 반응식은 다음과 같습니다.

$CH_4 + Cl_2 \rightarrow CH_3Cl + HCl$

이렇게 생겨난 클로로메테인CH_3Cl에 염소를 섞고 마찬가지로 반응시키면 다이클로로메테인CH_2Cl_2이, 또다시 염소를 반응시키면 트라이클로로메테인(클로로폼)$CHCl_3$이, 한 번 더 염소를 반응시키면 테트라클로로메테인(사염화탄소)CCl_4이 생겨납니다.

에틸렌처럼 이중 결합이 있으면 첨가 반응이 일어나기 쉽다

첨가 반응이란 **이중 결합을 끊고 원자나 원자단을 첨가(추가)하는 반응입니다.** 사실 **탄소 원자 간의 이중 결합에서 두 결합 중 하나는 단일 결합과 비슷한 결합이지만, 나머지 하나는 단일 결합보다 약해서 쉽게 끊어집니다.**

예를 들어 에틸렌에 브로민Br_2을 작용시키면 브로민의 색이 사라집니다. 실제로 실험해보면 브로민Br_2이 녹아 있는 물은 투명한 다갈색인데, 여기에 에틸렌을 통과시키면(부글부글 불어 넣으면) 무색투명하게 바뀝니다. 이는 브로민이 녹아 있는 물에서 브로민Br_2이 사라졌기 때문이죠. 브로민은 이중 결합을 이룬 각각의 C에 Br로서 결합한 것입니다. 그 결과 에틸렌에 브로민이 첨가 반응을 일으키고, 이중 결합은 단일 결합으로 바뀌며 1, 2ㅡ다이브로모에테인이 생겨납니다.

그림 7-9	첨가 반응

에틸렌   다이브로모에테인

에틸렌은 석유 화학 공업 제품의 주원료

에틸렌은 원유의 분별 증류 과정에서 생겨난 물질을 고온으로 분해해서 얻습니다. 석유는 에너지원일 뿐 아니라 다양한 물질을 만들어내는 원료로서도 무척 중요한 역할을 하죠. 석유 화학 제품으로는 우리의 삶에 빼놓을 수 없는 의약품이나 화학 약품, 플라스틱이나 합성 섬유, 합성 고무 등이 있습니다. 석유 화학 제품은 대부분 에틸렌이나 프로필렌$CH_2 = CHCH_3$이 주원료입니다.

그림 7-10   에틸렌의 일부를 바꾸면?

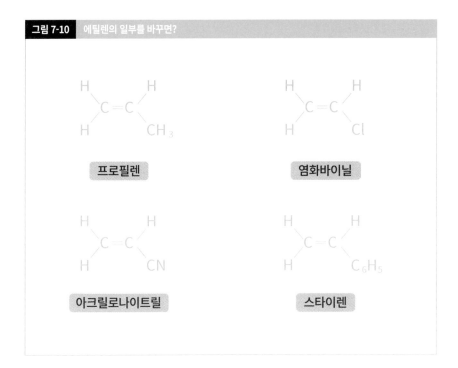

에틸렌$CH_2 = CH_2$의 수소 원자 중 하나를 다른 원자나 원자단으로 치환하면 여러 익숙한 물질이 생겨납니다. 메틸기CH_3로 치환된 화합물이 바로 프로필렌$CH_2 = CHCH_3$입니다. 염소 원자Cl와 치환하면 염화바이닐$CH_2 = CHCl$이 생겨나죠. CN이라는 원자단(사이아노기)으로 치환된 화합물이 아크릴로나이트릴$CH_2 = CHCN$입니다. 벤젠 고리(-C_6H_5)와 치환하면 스타이렌 $CH_2 = CHC_6H_5$이 생겨납니다.

수수께끼의 벤젠 구조식을 밝혀낸 케쿨레

벤젠(거북이 등껍질)의 구조

벤젠과 같은 부류의 화합물 중에는 향기가 나는 것이 많기 때문에 벤젠 고리를 가진 화합물을 가리켜 방향족 화합물이라고 부릅니다. **벤젠 고리에 수소 원자만 붙은 것이 벤젠입니다.**

전자 유도를 발견해 현재 전기 문명의 초석을 다진 영국의 과학자 패러데이는 고래 기름을 가열한 뒤 여기서 벤젠을 분리해냈습니다. 19세기 초, 1825년의 일이었죠. 당시는 고래 기름을 가열해서 만들어낸 가스로 가스등을 켰습니다. 패러데이는 가스 용기에 고인 액체를 열심히 연구한 끝에 벤젠을 분리해내는 데 성공했습니다.

이후 결정된 분자식은 C_6H_6였습니다. 탄소 수 6에 이중 결합이나 삼중 결합을 포함하지 않는 알케인인 헥세인의 분자식은 C_6H_{14}입니다. 그보다 수소 분자가 4개 분(수소 원자로는 8개 분)이나 적은 C_6H_6의 분자식은 일반적으로 구조식 안에 여러 개의 이중 결합을 가졌을 것이라 생각했죠.

하지만 벤젠은 이중 결합에 특유의 브로민 첨가 반응 등이 잘 일어나지 않았습니다. 실제로 벤젠은 다른 유기물과의 반응성이 매우 낮기 때문에 유기용매의 하나로 이용되고 있죠. 이 문제에 도전한 화학자 중 하나가 바로 독일의 **케쿨레**로, 1865년에 수수께끼를 풀어내는 데 성공했습니다.

어느 날, 편히 쉬던 케쿨레의 머릿속에서는 고리처럼 구부러진 형태로 이어진 탄소 사슬이 떠올랐습니다. 그는 벤젠의 구조를 6개 탄소 원자가 닫힌 사슬 형태로 이어진 것이라고 생각했습니다. 어쩌면 본래 건축학을 공부했던 케쿨레에게는 유기물의 탄소 골격 구조를 시각화하는 능력이 갖춰져 있었을지도 모릅니다.

벤젠 구조를 나타낼 때 자주 소개되는 우스꽝스러운 원숭이 그림이 있습니다. 케쿨레의 기념식전에서 참석자에게 나눠준 그림이었죠. 손과 손을 맞잡은 것이 단일 결합, 손과 손, 꼬리와 꼬리를 맞잡은 것이 이중 결합을 나타내고 있습니다.

현재 벤젠은 간단히 정육각형 안에 ○를 그려서 나타냅니다. 벤젠의 경우 이중 결합과 단일 결합이 끊임없이 교체되면서 탄소와 탄소 간의 결합이 어떤 때는 이중 결합, 또 어떤 때는 단일 결합을 이루기 때문에 각 결합이 이중 결합과 단일 결합의 중간적 성질인 1.5중 결합의 형태를 띠는 공명 구조임이 밝혀졌죠. **벤젠은 공명 구조로 인해 매우 안정적이므로 첨가 반응이 일어나기는 하지만 고온, 고압이라는 조건이 필요합니다.**

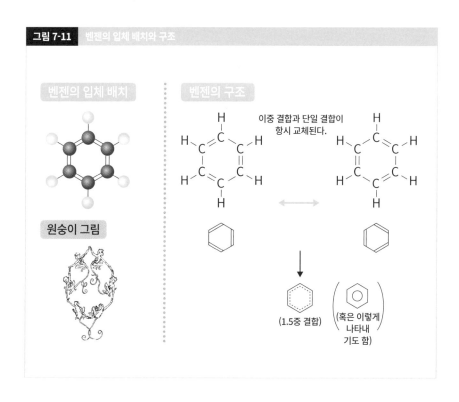

그림 7-11 벤젠의 입체 배치와 구조

벤젠의 입체 배치

원숭이 그림

벤젠의 구조

이중 결합과 단일 결합이 항시 교체된다.

(1.5중 결합)

(혹은 이렇게 나타내기도 함)

작용기를 통해 대략적인 성질을 알 수 있다

유기물의 성질을 결정하는 작용기

탄화수소 골격의 탄소 원자와 결합해 그 탄화수소의 성질을 결정하는 원자 혹은 원자단을 **작용기**라고 합니다. **작용기는 어떠한 탄화수소 골격과 결합하더라도 비슷한 작용을 합니다.** 예를 들어 수크로스, 에탄올에는 공통적으로 –OH가 포함되어 있는데 이 –OH가 작용기로, **하이드록시기**라고 합니다. **OH기는 물과의 친화성이 매우 뛰어난 작용기입니다.**

 유기물은 일반적으로 기름처럼 물에 잘 녹지 않는 것이 많습니다. 그런데 물과 친화성이 높은 OH기와 결합된 분자의 경우는 물에 잘 녹는 것이 있죠. 탄화수소 골격은 친유성(親油性)을 띠므로 탄화수소 골격의 탄소 수가 2밖에 되지 않는 에탄올은 어떤 비율이라도 물에 잘 녹습니다. 용해도가 무한대인 셈이죠. 하지만 알코올류라 해도 탄소 수가 늘어나면 용해도가 낮아지기 시작합니다. 한편 수크로스의 골격에는 탄소가 12개나 있지만 분자 중에 8개의 OH기를 갖고 있으므로 물에 잘 녹습니다. 카복시기ー COOH가 있으면 카본산의 일종입니다.

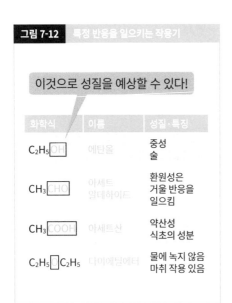

그림 7-12 특정 반응을 일으키는 작용기

이것으로 성질을 예상할 수 있다!

화학식	이름	성질·특징
C₂H₅OH	에탄올	중성 술
CH₃CHO	아세트알데하이드	환원성은 거울 반응을 일으킴
CH₃COOH	아세트산	약산성 식초의 성분
C₂H₅OC₂H₅	다이에틸에터	물에 녹지 않음 마취 작용 있음

그림 7-13   주된 작용기

작용기의 구조	작용기의 명칭	물질의 일반명	주된 물질	주된 특징
$-OH$	하이드록시기	알코올	C_2H_5OH	중성
		페놀	C_6H_5-OH	약산성
$-CHO$	포밀기	알데하이드	CH_3CHO	환원성 있음
$\begin{matrix} \backslash \\ C \\ \| \\ O \end{matrix}$	카보닐기	케톤	CH_3COCH_3	중성
$-COOH$	카복시기	카본산	CH_3COOH	산성
$-COO-$	에스터 결합	에스터	$CH_3COOC_2H_5$	향기가 남
$-O-$	에터 결합	에터	$C_2H_5OC_2H_5$	물에 녹지 않음
$-NO_2$	나이트로기	나이트로 화합물	$C_6H_5-NO_2$	노란색 물질
$-NH_2$	아미노기	아민	$C_6H_5-NH_2$	알칼리성

양조주에는 알코올 발효를 이용

좁은 의미의 알코올은 주류의 성분인 에탄올을 가리킵니다.

효모 등의 미생물이 생명 활동을 실시할 때 부산물로 에탄올이 생겨나는 경우를 알코올 발효라고 합니다. 청주, 맥주, 와인 등의 양조주는 효모에 따른 알코올 발효를 이용해 만들어집니다.

그림 7-14   알코올 발효

녹말로는 발효되지 않는다

포도당 ➡ 에탄올 + 이산화탄소

발효
(↑효모)

산이나 아미노산,
향기 성분 등도 가능하다

메탄올, 에탄올의 성질을 물과 비교해보자

물 분자 H-O-H 중 1개의 H를 사슬형 탄화수소기로 치환

알코올은 넓게는 알킬기(C와 H 부분. 메틸기ーCH_3나 에틸기-C_2H_5 등) 등의 C에 하이드록시기ー OH가 결합한 것을 말합니다. 알코올의 명칭은 탄소수가 같은 알케인에서 어미(ーe)를 ol로 바꾼 것입니다.

메테인 CH_4 ⋯   메탄올 CH_3OH

에테인 C_2H_6 ⋯   에탄올 C_2H_5OH

프로페인 C_3H_8 ⋯   프로판올 C_3H_7OH

뷰테인 C_4H_{10} ⋯   뷰탄올 C_4H_9OH

하이드록시기ーOH를 가진 유기물은 친수성을 띱니다. 이를 물 분자 H-O-H 중 1개의 H를 사슬형 탄화수소기로 치환해서 생각해볼까요. 메틸기ーCH_3와 치환하면 메탄올, 에틸기ー C_2H_5와 치환하면 에탄올입니다. 메탄올, 에탄올, 프로판올은 구조적으로 물 분자와 유사하기 때문에 어떤 비율이라도 물에 잘 녹습니다. 다만 탄소 수가 4인 뷰탄올은 물에 잘 녹지 않고 유기용매에는 잘 녹습니다. **탄소 수가 10을 넘어가면 탄화수소기의 친유성의 영향력이 강해지기 때문에 물에 녹지 않게 됩니다.**

물은 소듐 Na과 격렬하게 반응해 수산화소듐과 수소가 됩니다. 메탄올이나 에탄올은 다음과 같이 반응하죠.

$$2CH_3OH \quad + \quad 2Na \quad \rightarrow \quad 2CH_3ONa \quad + \quad H_2$$

메탄올 　　　　소듐 　　　　소듐메톡사이드 　　　수소

$$2C_2H_5OH \quad + \quad 2Na \quad \rightarrow \quad 2C_2H_5ONa \quad + \quad H_2$$

에탄올 　　　　소듐 　　　　소듐에톡사이드 　　　수소

프로판올과 뷰탄올 모두 소듐과 반응합니다. 이때의 반응은 '물 > 메탄올 > 에탄올 > 프로판올 > 뷰탄올' 순으로 강합니다. 알코올과 소듐의 반응은 물의 하이드록시기－OH에서 H가 Na와 치환되는 반응입니다.

물 분자의 H를 2개 모두 탄화수소기로 치환하면 에터로

이어서 물 분자의 H 2개를 모두 탄화수소기로 치환하면 에터가 됩니다. 에터에는 더 이상 OH가 없기 때문에 소듐과는 반응하지 않게 됩니다. 또한 물에도 녹지 않죠.

　단순히 에터라고도 불리는 다이에틸에터$C_2H_5OC_2H_5$는 마취 작용이 있으며 유기용매로 이용됩니다.

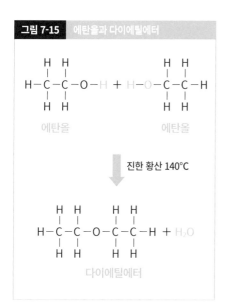

그림 7-15 에탄올과 다이에틸에터

에탄올　　　　　　　에탄올

진한 황산 140℃

다이에틸에터

다이에틸에터는 에탄올에 진한 황산 H_2SO_4을 섞어서 약 140℃로 가열하면 생성되는 물질입니다. 여기서 H_2SO_4는 촉매로 작용합니다. 이때 에탄올 2분자에서 물 1분자를 떼어내고 결합하는 반응이 일어납니다. 이처럼 둘 이상의 분자가 물 등의 간단한 분자를 떼어내고 결합하는 반응을 축합 반응이라고 합니다. 물이 떨어져 나갈 경우에는 탈수 축합 반응이라고 합니다.

취기와 숙취는 모두 에탄올의 소행이다

산화 반응으로 취기와 숙취를 이해해보자

유기 반응에서 산화 반응은 산소가 결합하거나 수소가 떨어져 나가거나, 둘 중 하나입니다.

산화 반응(탈수소 반응)은 술을 마셨을 때 인체에서 발생합니다. 그럼 술에 강한 주당과 술에 약한 사람이 있는 이유를 화학적으로 알아봅시다. 체내로 유입된 에탄올은 주로 위나 샘창자(십이지장)에서 곧바로 흡수되어 혈액에 침투해 간으로 보내집니다. 에탄올은 간 세포에서 알코올 탈수소 효소의 작용에 따라 아세트알데하이드로 산화됩니다. 이때 에탄올에서 수소 원자 2개가 떨어져 나갑니다.

아세트알데하이드CH_3CHO는 아세트알데하이드 탈수소 효소의 작용에 따라 또다시 산화되어(산소 원자가 1개 결합해서) 아세트산CH_3COOH으로 변합니다. 아세트산은 혈액으로 보내져 근육 등에서 물과 이산화탄소로 분해되고, 이때 대량의 에너지를 몸 밖으로 내보내기 때문에 몸이 후끈후끈 달아오르게 되죠.

아세트알데하이드는 독성이 강해 안면 홍조, 두통, 구토감 등의 불쾌한 증상을 일으킵니다. 흔히 말하는 심한 취기나 숙취죠. 이들 증상은 혈액 안에서 아세트알데하이드가 사라질 때까지 없어지지 않습니다. 인간은 대부분 아세트알데하이트 탈수소 효소 1형과 2형이 처리합니다. 2형은 혈중 아세트알데하이드 농도가 낮을 때 작용하는 효소로, 단시간에 강력하게 작용합니다. 술을 잘 마시는 사람이나 못 마시는 사람이나 비슷하게 취했다면 혈중 에탄올 농도는 거의 동일하다는 뜻입니다. 둘 모두 신경이 버텨낼 수 있는 에탄올 농도는 변함이 없죠. 다만 술을 못 마시는 사람은 같은 양을 마시더라도 체내의 에탄올 농도가 곧바로 증가하게 됩니다.

주당과 술을 못 마시는 사람이 있는 이유는 에탄올을 산화시켜서 분해하는 작용에 개인차가 심하기 때문으로, 주당은 간 기능이 강한 사람이라고도 볼 수 있습니다.

유전적으로 일본인의 약 40%는 2형 활성이 없는데(한국인의 경우 20%-옮긴이), 활성이 없는 사람은 있는 사람에 비해 같은 양의 술을 마시더라도 혈중 아세트알데하이드 농도가 10배 이상 높아진다고 합니다. 그 결과, 심한 취기를 느끼거나 숙취가 강하게 나타나게 되죠. 한편 백인이나 흑인은 모두 2형을 갖고 있다고 합니다. 지독한 취기나 숙취의 원인은 아세트알데하이드입니다. 혈중 아세트알데하이드를 빠르게 분해하는 아세트알데하이드 탈수소 효소 2형 활성이 없는 사람은 지나친 음주에 주의해야겠죠.

예를 들어 실수로 메탄올CH_3OH을 마시면 메탄올이 알코올 탈수소 효소에 의해 폼알데하이드$HCHO$, 이어서 폼산$HCOOH$이라는 유독성 물질로 변화합니다. 망막에는 탈수소 효소가 많기 때문에 폼산 등에 시신경이 손상되어 실명하거나 시력이 떨어지기도 하죠. 폼산은 세포가 산소를 이용할 때 필수적인 효소(사이토크로뮴 산화 효소)의 작용을 저해합니다. 특히 시신경에는 대량의 산소가 필요하기 때문에 일정량 이상의 메탄올을 섭취하면 눈에 먼저 이상이 발생하게 됩니다.

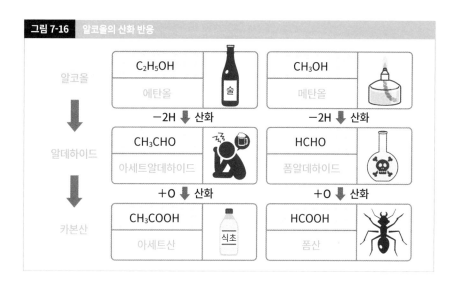

그림 7-16 알코올의 산화 반응

고분자 화합물의 이해, 에틸렌에서 폴리에틸렌으로 이어지는 첨가 중합부터

플라스틱은 가소성을 지닌 유기 고분자 화합물

플라스틱(합성수지)은 '가볍다', '취급이 간편하다', '잘 부식되지 않는다', '대량생산이 가능하다', '저렴하다', '전기나 열이 잘 통하지 않는다' 등의 성질이 있습니다. 또한 열이나 힘을 가하면 다양한 형태로 자유롭게 성형할 수 있죠. **플라스틱이 여러 산업에서 유용한 재료로 사용되는 이유는 목적이나 용도에 맞춰서 자유롭게 설계 및 제조가 가능한 재료이기 때문이라고 볼 수 있습니다.**

열이나 힘이 가해지면 다양한 형태로 변하는 성질을 가소성이라고 합니다. 플라스틱은 그리스어로 '성장하다', '발전하다', '구성하다'를 의미하는 '플라스티코스(plasticos)'에서 유래한 말로, 가소성이 있는 물질을 가리킵니다.

저분자와 고분자

그럼 고분자는 저분자에 비해 분자량에 어느 정도나 차이가 있는 걸까요. 물처럼 작은 분자를 저분자, 단백질이나 녹말처럼 매우 큰 분자를 고분자라고 합니다. 고분자는 수천 개나 되는 원자가 결합된 거대한 분자입니다. **저분자와 고분자는 일반적으로 분자량의 크기로 구별합니다.** 물 H_2O의 분자량은 18이지만 고분자의 경우는 수만에서 수십만에 이르죠.

모노머와 폴리머

고분자 화합물은 폴리머라고 부르기도 합니다. 흔히 쓰이는 말인 '폴리 재질'의 '폴리'와 같은 데, 폴리(poly)란 영어로 '많은'을 의미합니다. **대부분의 고분자 화합물은 사슬처럼 가늘고 긴 분자로, 사슬에서 낱개의 고리에 해당하는 구조 단위가 존재합니다.**

클립을 1개의 모노머에 비유해보겠습니다. 클립을 하나씩 하나씩 이어나가다 보면 클립으로 만들어진 사슬이 생겨납니다. 이 모노머 사슬이 수천, 수만, 혹은 훨씬 많은 숫자로 이어지면 폴리머가 만들어집니다. 천연 폴리머로는 녹말, 셀룰로스, 양모(케라틴), 고무가 있습니다. **플라스틱은 인간이 만들어낸 폴리머입니다.**

첨가 중합과 축합 중합

모노머를 계속해서 연결해 폴리머가 되는 반응을 중합이라고 합니다.

첨가 중합은 모노머가 좌우로 결합손을 뻗어서 줄줄이 연결되는 반응입니다. 한편 축합 중합은 두 종류의 모노머 사이에서 물 분자 같은 간단한 분자가 떨어져 나가면서 줄줄이 연결되는 반응을 가리키죠. **모노머의 성질은 반응물의 종류나 탄소 원자간의 결합 방식에 따라 결정됩니다.** 예를 들어 열을 가하면 부드러워지거나 식히면 단단해지는 플라스틱(열가소성 수지)이

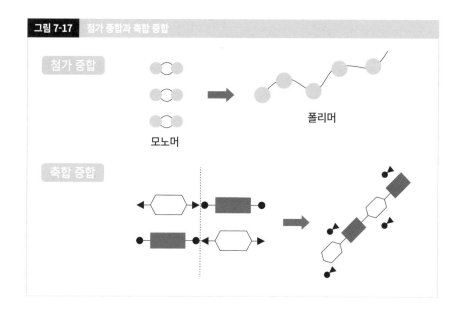

그림 7-17 첨가 중합과 축합 중합

첨가 중합

모노머

폴리머

축합 중합

나 가열 전에는 부드럽지만, 일단 열을 가하면 더 이상 변형되지 않는 플라스틱(열경화성 수지)이 있습니다.

에틸렌에서 폴리에틸렌으로

에틸렌은 좋은 촉매가 있으면 에틸렌 분자의 이중 결합 중 하나가 열리면서 이웃한 에틸렌 분자와의 사이에서 새로운 결합을 만들어냅니다. 그러면 또다시 이중 결합이 열리고 다음 에틸렌 분자로 결합손을 뻗치죠. 이렇게 연달아 첨가 반응을 일으키게 됩니다. **에틸렌(모노머)에서 폴리에틸렌(폴리머)가 생겨나는 반응은 첨가 중합입니다.**

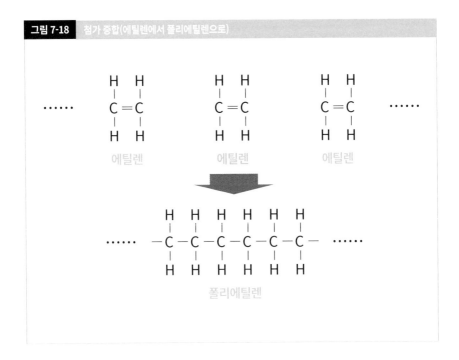

그림 7-18　첨가 중합(에틸렌에서 폴리에틸렌으로)

이 반응(첨가 중합)의 화학 반응식은 〈그림 7-19〉와 같습니다. '[ ]n'에서 n은 [ ] 안의 구조가 n개 이어져 있음을 나타냅니다.

사실 폴리에틸렌에는 밀도가 0.91~0.94g/cm³ 미만의 저밀도 폴리에틸렌과 0.94g/cm³ 이

264

그림 7-19 첨가 중합의 화학 반응식

$$n\,CH_2 = CH_2 \implies \{CH_2 - CH_2\}_n$$

첨가 중합

상의 고밀도 폴리에틸렌이 있습니다. 저밀도 폴리에틸렌은 결정화도와 밀도가 작기 때문에 투명하고 부드러워 비닐봉지나 필름 등 얇은 제품에 사용됩니다. 반면에 고밀도 폴리에틸렌은 결정화도와 밀도가 크기 때문에 반투명하고 단단해 플라스틱 용기 등 딱딱한 용기에 사용됩니다.

저밀도 폴리에틸렌은 에틸렌을 고온 및 1000기압 이상의 고압에서 중합해 만들기 때문에 고압법 폴리에틸렌이라고도 불립니다. 반면 고밀도 폴리에틸렌은 저압법 폴리에틸렌이라고도 불리는데, 치글러 촉매(트라이에틸알루미늄과 사염화타이타늄)를 이용해 상온에 가까운 온도와 몇 기압의 낮은 압력하에서 만들어집니다.

에틸렌 계열 물질에서 만들어지는 모노머

여기서 앞에서 배운 에틸렌$CH_2 = CH_2$의 수소 원자 중 하나를 다른 원자나 원자단으로 치환한 에틸렌 계열 물질들을 다시 한번 등장시켜보죠. 바로 프로필렌$CH_2 = CHCH_3$, 염화바이닐 $CH_2 = CHCl$, 아크릴로나이트릴$CH_2 = CHCN$, 스타이렌$CH_2 = CHC_6H_5$입니다.

이들은 바이닐기를 갖고 있습니다. **바이닐기란 에틸렌에서 수소 1개를 떼어낸 $H_2C = CH$ −의 구조를 지닌 기입니다. 이들에게서는 에틸렌과 마찬가지로 첨가 중합이 일어납니다.** 그 결과 폴리프로필렌, 폴리염화바이닐, 폴리아크릴로나이트릴(아크릴 섬유), 폴리스타이렌(발포 스타이롤) 등의 폴리바이닐계 고분자 화합물이 생겨나죠.

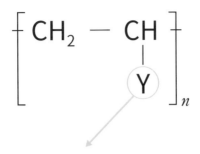

그림 7-20 폴리바이닐계 고분자 화합물

H면 폴리에틸렌
CH_3이면 폴리프로필렌
Cl이면 폴리염화바이닐
CN이면 폴리아크릴로나이트릴
C_6H_5면 폴리스타이렌

페트병의 PET는 폴리에틸렌 테레프탈레이트

PET란 PolyEthylene Terephthalate의 머리글자에서 따온 단어입니다. 테레프탈산과 에틸렌글라이콜에서 물이 제거되는 축합 중합을 통해 만들어지죠. 이 책에서 PET를 다루지는 않지만, 에스터 결합을 잔뜩 갖고 있기 때문에 폴리에스터라고 불립니다. 합성수지로도, 합성섬유로도 이용되고 있죠.

마치며

이 책은 고등학생 뿐 아니라 일상생활이나 업무상의 필요에 따라 다시금 화학 공부를 시작하려는 분들을 위한 책입니다.

우리는 화학과 화학공업과 관련된 제품, 물질에 둘러싸여 살아가고 있습니다. 그런데 고등학교에서 화학을 배웠다 하더라도, 시간이 지남과 함께 점점 그 지식을 잃어가기 마련입니다. 이 책의 목표는 그런 분들도 좀 더 현실적으로 화학을 다시 배울 수 있게끔 도와주는 것입니다. 제 바람은 고등학교 수준의 화학적 지식을 두루두루 쌓는 대신, 과감하게 선정한 필수 항목을 통해 착실히 토대를 쌓아나가며 기본부터 배워나가는 것이었죠. 또한 화학의 역사도 중요하게 다뤘습니다.

저는 공업고등학교에 진학해 공업화학과에 들어갔습니다. 그곳에서 수많은 화학 실험과 실습, 그리고 이론적이며 암기는 필요치 않은 '물리화학'이라는 과목에 흥미를 가졌고, 이후 학부나 대학원에서 물리화학을 전공해 과학 및 화학 교사가 되었죠. 그 후 이론과 실험을 통해서 즐겁게 물질의 세계를 배우는 수업을 진행했습니다. 그런 저의 오랜 중고등학교 과학 및 화학 교사 경험, 그리고 중학교 화학 분야 및 고등학교 화학 교과서를 집필한 경험, 편집위원을 맡았던 경험, 대학에서 기초화학을 가르친 경험을 토대로 이 책을 집필했습니다.

이 책의 수준은 일본 고등학교 '화학 기초'를 기준으로 잡았지만, 때로는 중학교 과학에서 배우는 내용도 추가해 조금 더 '스토리' 중심으로 풀었습니다. 업무나 학업에 활용하려면 띄엄띄엄 배우기보다는 계통적으로 익혀나가는 편이 훨씬 더 효과적이라 보았기 때문입니다.

마지막으로 이 책의 원고에는 일본 과학 잡지인 『RikaTan』(이과 탐험)의 위원 분들(이노우에

간지, 오리시모 후미오, 구메 무네오, 오누마 준코, 사카모토 신, 소마 게이코, 다카노 히로에, 다니모토 야스마사, 나카지마 히로키, 히라가 쇼조)께서 수정이 필요한 부분을 지적해주셨습니다. 이 자리를 빌려 감사의 말씀을 드립니다.

2022년 12월

사마키 다케오